聞いて覚える理系英単語

キクタン
サイエンス

生命科学編

近藤 哲男 著

アルク

ESP Basic

生命科学を英語でイメージし理解するために

　生命科学は、生物の遺伝情報伝達プロセスの理解、すなわち、生物の摂理の理解に基礎を置く学問です。そして、生物の仕組みは、個体から細胞、遺伝子へと、階層ごとに把握していくことで、イメージを描きやすくなります。本書はその点を重視し、生命体とその活動を表す英語表現をさまざまなレベルとプロセスごとに紹介し、学習者が無理なく身に付けられるように構成してあります。

「音からイメージできるか」がカギ

　また、個々の表現を習得するに当たっても、「イメージを描く」作業ができなくてはなりません。その際、ポイントとなるのが「音声」です。外国語が習得できているかどうかの1つの指標は、「音を聞いてイメージを浮かべられるかどうか」だからです。日本語で「本」と聞いたときに自然に本のイメージが浮かんでくるように、ある英単語を耳にした際に、その語が表すイメージがさっと頭に浮かぶようにすること、それが英語習得の第一歩です。

　「単語を『聞いて』覚える」がキャッチフレーズの本書は、まさにそのような学習にふさわしいものと言えます。CDで英語の音声を聞きながら、単に訳語を対応させるのではなく、その英語表現の指す物や概念をイメージできるかチェックしましょう。その積み重ねが、英語での的確な理解と、円滑なコミュニケーションにもつながるはずです。

　また、生命科学の用語には、カタカナで日本語になっているものも多いのですが、元の英単語とは発音が相当違うことが少なくありません。音声を繰り返し聞いて、ぜひ正しい英語の音とともに、表現を身に付けてください。

基礎知識をコンパクトに整理

　本書は、生命科学を学び始めて間もない人でも確実に重要表現を身に付けられるよう、厳選した見出し語に簡単な解説を付けています。解説を読んで概念を整理し、用語のイメージを確立してください。生物の成り立ちからその応用までを含む、かなり広大な分野ですが、まずは本書で基本表現をマスターしましょう。

　論文や学会で研究成果を発表する機会のある人は言うまでもなく、何らかの形で「世界」を意識して研究や仕事をする皆さんにとって、英語で表現し、理解する力は不可欠です。本書での学習を通して、用語の習得だけでなく、そこから一歩進んだ真のコミュニケーション力の習得を目指していただければ幸いです。

2012年3月

近藤　哲男

Contents

生物一般、細胞、遺伝に関する英単語512語を完全マスター!

Chapter 1
生物と細胞
Page 9 ▸ 52

Unit 1
生物の基本概念 ▸ [001-032]

Unit 2
細胞 ▸ [033-080]

Unit 3
タンパク質・糖質・脂質 ▸ [081-128]

Unit 4
代謝と酵素 ▸ [129-160]

Review Quiz 1
Page 50 ▸ 52

Chapter 2
遺伝とDNA
Page 53 ▸ 92

Unit 1
遺伝子の働き ▸ [161-192]

Unit 2
DNAとRNA ▸ [193-224]

Unit 3
DNA複製 ▸ [225-256]

Unit 4
修復・転写・翻訳 ▸ [257-304]

Review Quiz 2
Page 90 ▸ 92

前書き
Page 3

本書とCDの使い方
Page 6 ▶ 8

付録
[数学基本用語集]
Page 154 ▶ 155
[単位リスト]
Page 156 ▶ 157
[元素名・記号リスト]
Page 158 ▶ 160

INDEX
[英語]
Page 162 ▶ 167
[日本語]
Page 168 ▶ 173

Chapter 3
神経・免疫・医療
Page 93 ▶ 120

Unit 1
脳と神経 ▶ [305-320]

Unit 2
免疫 ▶ [321-352]

Unit 3
疾病 ▶ [353-384]

Unit 4
先端医療 ▶ [385-400]

Review Quiz 3
Page 118 ▶ 120

Chapter 4
研究と発表
Page 121 ▶ 152

Unit 1
学問分野 ▶ [401-416]

Unit 2
実験 ▶ [417-464]

Unit 3
分析 ▶ [465-480]

Unit 4
学会発表・論文 ▶ [481-512]

Review Quiz 4
Page 150 ▶ 152

【記号説明】

CD-01：「CDのトラック1を聞いてください」という意味です。
[ ]：言い換えまたは略語を表します。
＝：同義語を表します。
≒：類義語を表します。
⇔：対義語を表します。
複：複数形を表します。

例：見出し語または▶の前にある語の用例を表します。
名形動副：順に、名詞（句）、形容詞（句）、動詞、副詞（句）を表します。
化：化学式（分子式や示性式）を表します。
➕：補足説明を表します。

本書とCDの使い方

本書の利用法

本書は4つの Chapter で構成されており、各 Chapter は4つの Unit で構成されています。見出し語は全部で512語あります。

❶ Day カウンター
1日16語×32日のペースで学習を進めた場合の、通算の学習日を表示しています。1日の学習を終えたらチェックボックスにチェックを入れ、学習ペースの目安にしてください。
1日の学習語数を決めて計画的に学習を進めたい人は、このカウンターを活用しましょう。

❷ CDトラックマーク
該当の CD トラックを呼び出して、[英語▶日本語▶英語▶ポーズ]の順に収録されている「チャンツ」で見出し語の発音とその意味をチェックしましょう。

❸ 重要語と注意事項
見出し語番号の横に★印が付いたものは、必ず覚えてほしい重要語です。また、アクセントや発音に注意が必要なものには「❶発音注意」の表示が付いています。

❹ 見出し語
1ページに8語ずつ、発音記号と発音のカタカナ表記(Dr. Rei's Phonetic Symbols)とともに掲載されています。まず文字で見出し語とその意味、発音を確認してから CD を聞き、自分でも発音すると、効果的な学習ができます。

❺ 語義
見出し語の意味です。代表的な語義を色付きの太字にし、CDに収録しています。

❻ 派生語・関連語など
見出し語の複数形や同義語、類義語、対義語、見出し語に関する備考知識などを学ぶことができます。

❼ Glossary
左ページで学習した語についての知識を補足します。見出し語の性質に応じて文章や図で解説しています。

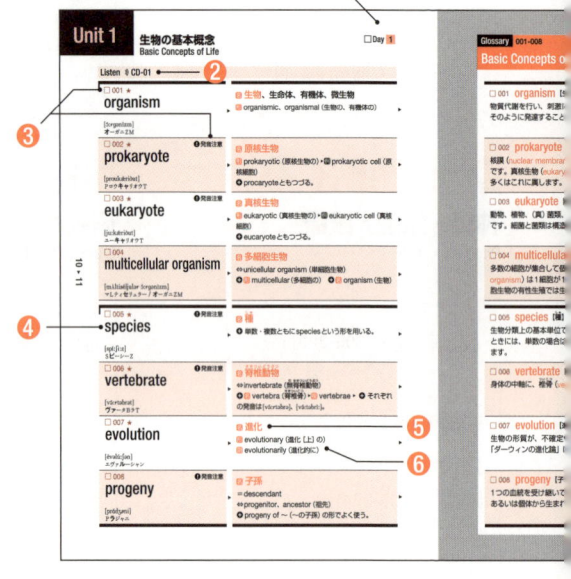

❽ 解説
左ページの見出し語について解説しています。見出し語が表す概念を整理し、理解を深めましょう。

❾ 図
左ページの見出し語が示すものを、見出し語番号、語義とともに表した図です。

⑩ 見出し語リスト

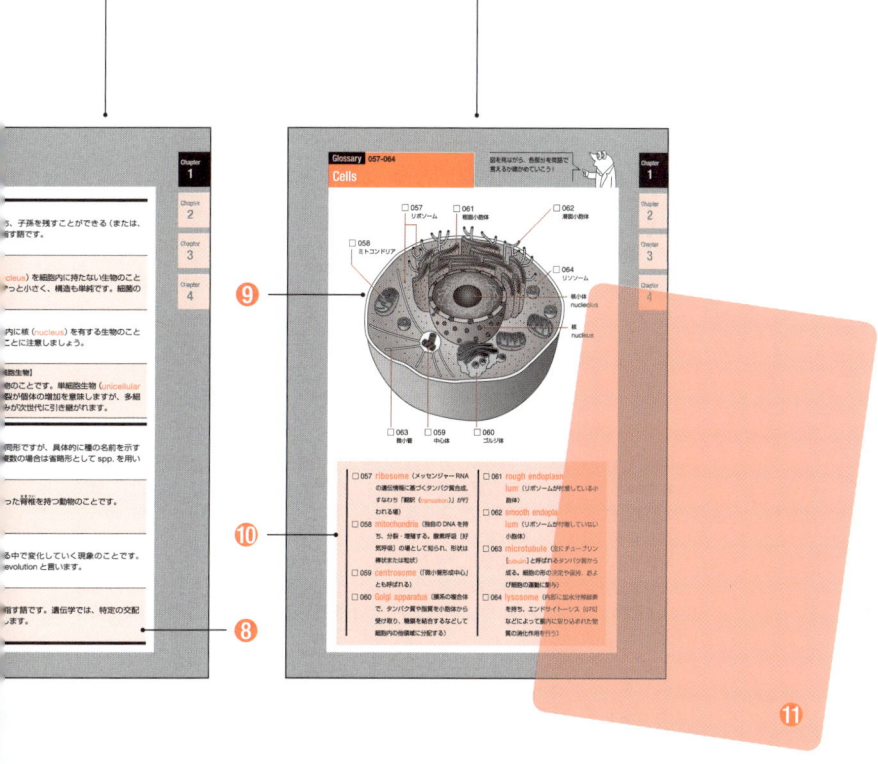

図に含まれる見出し語です。必要に応じて、文章による説明も付いています。チェックシートをかぶせて見出し語を隠し、図と語義を見ながらそれを英語で言えるか確認しましょう。

⑪ チェックシート

付属のチェックシートは復習に活用してください。語義や、Glossary の見出し語および解説中の英語を隠して、各用語について、英語から日本語、日本語から英語の変換ができるか確認しましょう。

CDの利用法

本書には CD が 1 枚付いています。見出し語は全て［英語 ▶ 日本語 ▶ 英語 ▶ ポーズ］の順にチャンツで収録されています。リズムに乗って楽しく学習しましょう。

該当する CD トラックを呼び出してチャンツを聞き、見出し語の発音と意味を一緒に覚えましょう。慣れてきたら、本を見ずに CD を聞き、ポーズ（音声の空白時間）で英語を発音しましょう。毎日のちょっとした空き時間を利用して繰り返し CD を聞くことで、英語のリズムやリスニング力が身に付きます。

Review Quiz、付録

Review Quizは各Chapterの末尾に設けられた復習コーナーです。例文の穴埋めクイズに挑戦して、そのChapterで学んだ語がどのくらい定着しているか確認しましょう。

また、付録のページには、生命科学分野の研究や実務で遭遇する機会の多い、各種の用語・単位・記号のリストを掲載しています。

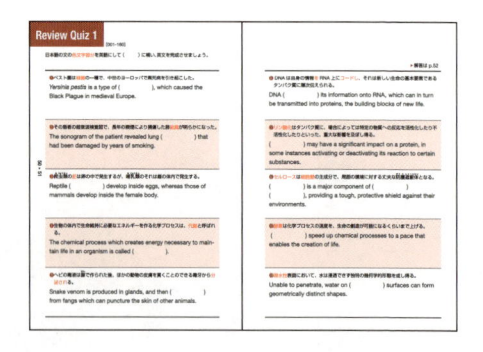

Dr. Rei's Phonetic Symbols について

専門分野の英単語には、つづりが複雑なものや、カタカナで日本語になっているけれども英語の発音はそれと大きく異なるものなどが多く、英単語を見ただけでは正しい発音が判断できないことがしばしばあります。また、英語の発音をカタカナのみで表現しようとすると、本来入るべきではないところに母音が入ってしまい、不自然な発音になってしまいます。

このような問題を解決すべく、本書では、英単語の発音を表すのに、一般的に用いられる発音記号のほか、同志社女子大学教授の髙橋玲氏によって考案された発音・アクセントの新しい表記法 Dr. Rei's Phonetic Symbols を使用しています。これは、カタカナとアルファベットを用いて、なるべく簡単に、そして一目で直感的に発音が分かるよう表記を工夫したもので、以下のようなルールに基づいています。

基本的なルール
- アクセントのある文字を大きく表示しています。
- 後ろに母音の付かない子音は、アルファベット表記にしています。
- 母音は全て［アイウエオ］で示し、細かい発音の違いや強弱による音の変化は区別していません。

［例］ abstract [ǽbstrækt] ▶ ［**ア**BSTラKT］

Dr. Rei's Phonetic Symbols では、アクセントの位置や発音の注意点を分かりやすく強調して表現しています。ただし、この表記法は英語の発音の全てを正確に表すものではありません。本来の発音記号の補助として、また、読み方の基本的なガイドとして使ってください。

【付属CDについて】
● 弊社制作の音声CDは、CDプレーヤーでの再生を保証する規格品です。
● パソコンでご使用になる場合、CD-ROMドライブとの相性により、ディスクを再生できない場合がございます。ご了承ください。
● パソコンでタイトル・トラック情報を表示させたい場合は、iTunesをご利用ください。iTunesでは、弊社がCDのタイトル・トラック情報を登録しているGracenote社のCDDB（データベース）からインターネットを介してトラック情報を取得することができます。
● CDとして正常に音声が再生できるディスクからパソコンやmp3プレーヤーなどへの取り込み時にトラブルが生じた際は、まず、そのアプリケーション（ソフト）、プレーヤーの製作元へご相談ください。

Chapter 1
生物と細胞
Organisms and Cells

Unit 1 生物の基本概念
▶ [001-032]

Unit 2 細胞
▶ [033-080]

Unit 3 タンパク質・糖質・脂質
▶ [081-128]

Unit 4 代謝と酵素
▶ [129-160]

Introduction

　最初のチャプターでは、生物の基本概念から、細胞、そして、その構成要素であるタンパク質などの物質、さらには代謝にまつわる表現までを見ていきます。

　Unit 1 では、生物学の体系に関連した用語を紹介しています。「胚」が出来上がること自体が生命の神秘であり、また、細胞分裂には多様なシステムが組み込まれています。それらを整理しながら、語句を覚えていきましょう。

　Unit 2 では、細胞の種類から小器官まで、生命体の基本単位である「細胞」に関する語彙を集めています。生物学を学ぶ上で欠くことができない要素なので、ここでしっかりマスターしてください。

　Unit 3 では、細胞のさらに下のレベル、すなわち生命の部品であるタンパク質、糖質、脂質に関する語彙を整理しましょう。

　Unit 4 では、代謝の仕組みと酵素の働きについての用語を見ていきます。生命の維持に必要なこれらの機能について、整理しながら学びましょう。

　まずは生物における上記のような「階層」を意識し、基本語彙を身に付けるようにしてください。

Chapter 1

Chapter 2

Chapter 3

Chapter 4

Unit 1 生物の基本概念
Basic Concepts of Life

□ Day 1

Listen)) CD-01

□ 001 ★
organism
[ɔ́:rɡənìzm]
オーガニZM

名 生物、生命体、有機体、微生物
形 organismic、organismal（生物の、有機体の）

□ 002 ★ ❶発音注意
prokaryote
[proukǽrioùt]
PロウキャリオウT

名 原核生物
形 prokaryotic（原核生物の）▶ 例 prokaryotic cell（原核細胞）
➕ procaryoteともつづる。

□ 003 ★ ❶発音注意
eukaryote
[ju:kǽrioùt]
ユーキャリオウT

名 真核生物
形 eukaryotic（真核生物の）▶ 例 eukaryotic cell（真核細胞）
➕ eucaryoteともつづる。

□ 004
multicellular organism
[mÀltiséljulər ɔ́:rɡənìzm]
マルティセリュラー / オーガニZM

名 多細胞生物
⇔ unicellular organism（単細胞生物）
➕ 形 multicellular（多細胞の）　➕ 名 organism（生物）

□ 005 ★ ❶発音注意
species
[spí:ʃi:z]
SピーシーZ

名 種
➕ 単数・複数ともにspeciesという形を用いる。

□ 006 ★ ❶発音注意
vertebrate
[və́:rtəbrət]
ヴァータBラT

名 脊椎動物
⇔ invertebrate（無脊椎動物）
➕ 名 vertebra（脊椎骨）▶ 複 vertebrae ▶ ➕ それぞれの発音は[və́:rtəbrə]、[və́:təbrì:]。

□ 007 ★
evolution
[èvəlú:ʃən]
エヴァルーシャン

名 進化
形 evolutionary（進化 [上] の）
副 evolutionarily（進化的に）

□ 008 ❶発音注意
progeny
[prɑ́dʒəni]
Pラジャニ

名 子孫
= descendant
⇔ progenitor、ancestor（祖先）
➕ progeny of ～（～の子孫）の形でよく使う。

Glossary 001-008
Basic Concepts of Life

☐ 001 **organism** 【生物】
物質代謝を行い、刺激に反応する能力を持ち、子孫を残すことができる（または、そのように発達することができる）複合体を指す語です。

☐ 002 **prokaryote** 【原核生物】
核膜（nuclear membrane）で囲まれた核（nucleus）を細胞内に持たない生物のことです。真核生物（eukaryote）[003] よりもずっと小さく、構造も単純です。細菌の多くはこれに属します。

☐ 003 **eukaryote** 【真核生物】
動物、植物、（真）菌類、原生生物など、細胞内に核（nucleus）を有する生物のことです。細菌と菌類は構造および性質が異なることに注意しましょう。

☐ 004 **multicellular organism** 【多細胞生物】
多数の細胞が集合して個体を形成している生物のことです。単細胞生物（unicellular organism）は1細胞が1個体であり、細胞分裂が個体の増加を意味しますが、多細胞生物の有性生殖では生殖細胞の遺伝情報のみが次世代に引き継がれます。

☐ 005 **species** 【種】
生物分類上の基本単位です。species は単複同形ですが、具体的に種の名前を示すときには、単数の場合は省略形として sp.、複数の場合は省略形として spp. を用います。

☐ 006 **vertebrate** 【脊椎動物】
身体の中軸に、椎骨（vertebra）が多数つながった脊椎を持つ動物のことです。

☐ 007 **evolution** 【進化】
生物の形質が、不確定性により、世代を経る中で変化していく現象のことです。「ダーウィンの進化論」は Darwin's theory of evolution と言います。

☐ 008 **progeny** 【子孫】
1つの血統を受け継いで生まれてきたものを指す語です。遺伝学では、特定の交配あるいは個体から生まれたものをしばしば指します。

Unit 1

☐ Day 1

Listen 》CD-02

☐ 009 ★ bacteria ❶発音注意
[bæktíəriə] バKティアリア

名 (真正)細菌、バクテリア
- **形** bacterial (細菌性の)
- ⊕ bacteriumの複数形なので本来は複数扱いだが、単数扱いにすることも多い。

☐ 010 yeast
[jíːst] イーST

名 酵母(菌)、イースト
- **例** yeast cell (酵母細胞)
- ⊕ 正式な分類群の名称ではなく、生活型を示す名称。

☐ 011 ★ tissue
[tíʃuː] ティシュー

名 (生物の)組織
- **例** connective tissue (結合組織)、tissue culture (組織培養)、tissue engineering (組織再生工学)

☐ 012 ★ organ
[ɔ́ːrɡən] オーガン

名 器官、臓器
- **例** organ transplant (臓器移植)

☐ 013 ★ filament
[fíləmənt] フィラマンT

名 繊維(状の物)、フィラメント、糸状構造
- ⊕ fiberは「繊維、繊維組織」、fibrilは「微小繊維」を表す。

☐ 014 cortex ❶発音注意
[kɔ́ːrteks] コーテKS

名 皮質、皮層
- **複** cortices [kɔ́ːrtəsìːz]
- **例** cerebral cortex (大脳皮質)
- **形** cortical (皮質の、皮層の)

☐ 015 epithelium
[èpəθíːliəm] エパθィーリアM

名 上皮
- **複** epithelia [èpəθíːliə]
- **形** epithelial (上皮の) ▶ **例** epithelial tissue (上皮組織)

☐ 016 ★ epidermis
[èpidə́ːrmis] エピダーミS

名 表皮、上皮
- **形** epidermal (表皮[性]の、上皮[性]の) ▶ **例** epidermal cell (表皮細胞、上皮細胞)

Glossary 009-016
Basic Concepts of Life

学習は順調にスタートできたかな？ まずは生物学の体系を把握しよう！

☐ 009 bacteria 【細菌】
細胞膜 (cell membrane) を持つ原核生物 (prokaryote) [002] です。ある種の染色剤に対し、グラム陽性 (Gram-positive) かグラム陰性 (Gram-negative) かで区別されることもあります。

☐ 010 yeast 【酵母】
研究によく用いられるモデル生物の一種です。一般的には、出芽酵母の一種であるサッカロミセス・セレビシエ (*Saccharomyces cerevisiae*) を指します。球形または卵形の真核単細胞菌類で、運動性はなく、細胞壁を持ちます。

☐ 011 tissue 【組織】
ある機能を持つ細胞 (cell) が一定の役割を果たすように集合した構造、すなわちほぼ同じ形態・機能を持つ細胞の塊を示す単位です。

☐ 012 organ 【器官】
「細胞 (cell) の集合体」が組織 (tissue) で、「組織の集合体」が器官です。なお、細胞の内部にある「細胞小器官」は organelle [049] と呼ばれます。階層をイメージして覚えましょう。

☐ 013 filament 【繊維】
毛、筋肉、繊毛などに見られる、長い線状のタンパク質の総称です。「繊維」を意味する語は幾つかありますが、一般には fibril → fiber → filament の順に太くなります。繊維が束になったものが bundle (束) です。

☐ 014 cortex 【皮質】
大脳、小脳、腎臓、副腎などの器官 (organ) の表層部分の呼び名です。植物では、表皮と中心柱の間の細胞層、または樹皮を指します。

☐ 015 epithelium 【上皮】
動植物の体表、あるいは動物の体腔や体内管腔の表面などを隙間なく覆う組織のことです。上皮細胞が結合して上皮細胞層を作ります。

☐ 016 epidermis 【表皮】
多細胞生物 (multicellular organism) の最も外側の部分です。表皮細胞 (epidermal cell) は、組織再生工学 (tissue engineering) によく使われます。

Unit 1

□ Day 2

Listen)) CD-03

□ 017 ★
development
[divéləpmənt]
ディヴェラPマンT

名 発生、発達、発育、進化
- 動 develop (発生する、発達する)
- 形 developmental (発生[上]の、発達[上]の)

□ 018
inducer
[indjú:sər]
インデューサー

名 誘導因子、誘導物質、インデューサー
- 動 induce (〜を誘導する、誘発する)
- ➕ 名 induction (誘導、誘発)

□ 019 ★
embryo
[émbriòu]
エMBリオウ

名 胚、胎芽
- 形 embryonic (胚[性]の、胎生期の) ▶ 例 embryonic stem cell (胚性幹細胞、ES細胞)
- ➕ 名 embryoid (胚様体、不定胚)

□ 020 ★
germ
[dʒə́:rm]
ジャーM

名 胚芽；微生物
- 例 germ cell (胚細胞、生殖細胞)

□ 021 ★
embryogenesis
[èmbrioudʒénesis]
エMBリオウジェネシS

名 胚形成、胚発生
- 形 embryogenetic (胚形成の、胚発生の)
- ➕ embryo- (胚) + -genesis (発生、生成、進化)

□ 022 ★
morphogenesis
[mɔ̀:rfoudʒénesis]
モーフォウジェネシS

名 形態形成、形態発生
- 形 morphogenetic (形態形成の、形態発生の)
- ➕ morpho- (形態) + -genesis (発生、生成、進化)
- ➕ 名 morphology (形態[学])

□ 023
endoderm
[éndədə̀:rm]
エンダダーM

名 内胚葉
- 形 endodermal (内胚葉の)
- ➕ 名 endodermis ([植物の] 内皮)
- ➕ 名 ectoderm (外胚葉) ➕ 名 mesoderm (中胚葉)

□ 024 ★
regeneration
[ridʒènəréiʃən]
リジェナレイシャン

名 再生
- 動 regenerate ([〜を] 再生する)

Basic Concepts of Life

Glossary 017-024

□ 017　development【発生】
多細胞生物 (multicellular organism) が、受精卵から細胞分裂と分化を繰り返して成体になるまでの過程を指す語です。

□ 018　inducer【誘導因子】
誘導 (induction) とは、胚 (embryo) [019] のある部分が、隣接するほかの胚域からの影響を受けて器官・組織になっていくことです。その作用に関与する因子が誘導因子です。

□ 019　embryo【胚】
多細胞生物 (multicellular organism) の個体発生初期のもの、すなわち受精卵が細胞分裂 (卵割) を繰り返して形成する初期の形態の呼び名です。

□ 020　germ【胚芽】
胚 (embryo) や種子 (seed) の中で、やがて成長し、個体を形成する部分です。

□ 021　embryogenesis【胚形成】
受精卵が発生を始め、さまざまな形態形成 (morphogenesis) [022] の後に成体になるまでの過程を指します。広義には老化や再生も含まれます。

□ 022　morphogenesis【形態形成】
生物の発生過程において新しい形態が生じることです。細胞の成長、分化と並ぶ、発生の基礎的な3概念の1つとされます。

□ 023　endoderm【内胚葉】
胚葉とは、多細胞動物の初期胚において、卵割により形成された多数の細胞が成す層状の構造のことです。脊椎動物では外胚葉 (ectoderm)、中胚葉 (mesoderm) と内胚葉の3つの胚葉の区別が顕著です。内胚葉からは消化器などが生じます。

□ 024　regeneration【再生】
失われたり損傷を受けたりした組織 (tissue) や器官 (organ) などを復元することです。植物では、プロトプラスト (細胞壁を除去された細胞) の細胞壁再生を指しても用いられます。

Unit 1

☐ Day 2

Listen 》CD-04

☐ 025 ★ cell division
[sél divíʒən]
セL / ディヴィジャン

名 細胞分裂
- ⊕ 名 cell (細胞)
- ⊕ 名 division (分裂)

☐ 026 cell cycle
[sél sáikl]
セL / サィKL

名 細胞(分裂)周期
- ⊕ 名 cell (細胞)
- ⊕ 名 cycle (周期、循環)

☐ 027 cell proliferation
[sél prəlìfəréiʃən]
セL / Pラリファレィシャン

名 細胞増殖
- ⊕ 名 cell (細胞)
- ⊕ 名 proliferation (増殖)

☐ 028 maturation
[mætʃuréiʃən]
マチュレィシャン

名 成熟
- 形 動 mature (成熟した、〜を成熟させる)

☐ 029 ★ metabolism ❶発音注意
[mətǽbəlìzm]
マタバリZM

名 代謝(作用)
- 形 metabolic (代謝[性]の)
- ⊕ 名 metabolite (代謝[産]物、代謝中間体)

☐ 030 ★ equilibrium ❶発音注意
[ìːkwəlíbriəm]
イーKワリBリアM

名 平衡(状態)
- 複 equilibria [ìːkwəlíbriə]
- 例 substances at equilibrium (平衡状態にある物質)

☐ 031 ★ intracellular
[ìntrəséljulər]
インTラセリュラー

形 細胞内の
- ⇔ extracellular (細胞外の)
- ⊕ intercellularは「細胞間の」、subcellularは「細胞[以]下の」を表す。

☐ 032 ★ extracellular
[èkstrəséljulər]
エKSTラセリュラー

形 細胞外の
- ⇔ intracellular (細胞内の)

Glossary 025-032
Basic Concepts of Life

細胞分裂では、「時期」がとっても重要なんだよね。

☐ 025 **cell division** 【細胞分裂】
1つの細胞（母細胞）が2個以上の細胞（娘細胞）に分かれる現象です。単細胞生物では、細胞分裂が個体の増加を意味します。

☐ 026 **cell cycle** 【細胞周期】
細胞分裂（cell division）によって生じた娘細胞が、母細胞となってさらに分裂し、新しい娘細胞になるまでを1周期とします。

025-026
DNA replication
(DNA複製)
mitosis
(有糸分裂)

☐ 027 **cell proliferation** 【細胞増殖】
細胞が分裂・成長を繰り返し、数が指数関数的に増えていく現象です。なお、「細胞拡大」は cell expansion、「細胞成長」は cell growth で表します。

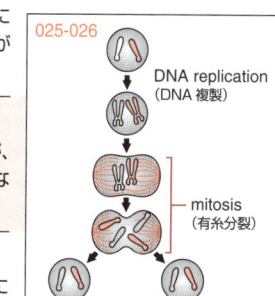

☐ 028 **maturation** 【成熟】
生物の細胞、器官、あるいは個体が、成長して完全に発達した状態になることですが、多くの場合は生殖能力を持つようになることを指して使われます。

☐ 029 **metabolism** 【代謝】
生命維持や成長などのために、生体内で起こるさまざまな生化学反応のことで、異化（catabolism）と同化（anabolism）に大別されます。生物は代謝を通して活動に必要なエネルギーを得たり、成長のための物質を合成したりします。

☐ 030 **equilibrium** 【平衡】
可逆反応において2つの反応が同じ速度で進行している場合に、見掛け上休止しているように感じられる状態のことです。生命科学分野でも非常に重要な語ですが、日本人が最も発音を苦手とする語の1つ。何度も練習しましょう。

☐ 031 **intracellular** 【細胞内の】
「細胞の内側にある」ことを指す形容詞で、例えば次のように用います。
例 Intracellular adhesion molecules are members of the family of cell adhesion molecules. （細胞内接着分子は、細胞接着分子群の仲間である）

☐ 032 **extracellular** 【細胞外の】
extracellularly（細胞外に）という副詞も、例えば次のような形でよく使われます。
例 *Gluconacetobacter xylinus* secretes a cellulose nanofiber extracellularly. （酢酸菌はセルロースナノファイバーを菌体外に分泌する）

Unit 2 細胞 / Cells

☐ Day 3

Listen))) CD-05

☐ 033
somatic cell
[soumǽtik sél]
ソウマティK / セL

名 体細胞
- 形 somatic（体の、体細胞の）
- 名 cell（細胞）

☐ 034 ★
stem cell
[stém sél]
SテM / セL

名 幹細胞
- 例 embryonic stem cell（胚性幹細胞、ES細胞）
- 名 stem（幹）
- 名 cell（細胞）

☐ 035 ★
germ cell
[dʒə́ːrm sél]
ジャーM / セL

名 生殖細胞、胚細胞
- 名 germ（胚）
- 名 cell（細胞）

☐ 036 ❶発音注意
epithelial cell
[èpəθíːliəl sél]
エパθィーリアL / セL

名 上皮細胞
- 形 epithelial（上皮の）▶ 名 epithelium（上皮）
- 名 cell（細胞）

☐ 037 ❶発音注意
mesenchymal cell
[meséŋkəməl sél]
メセンGカマL / セL

名 間葉（系）細胞
- 形 mesenchymal（間充織の、間葉性の）
- 名 cell（細胞）

☐ 038 ★ ❶発音注意
fibroblast
[fáibrəblæst]
ファイBラBラST

名 繊維芽細胞、線維芽細胞
- fibro-（繊維、線維）+ -blast（芽細胞）

☐ 039 ★ ❶発音注意
adipocyte
[ǽdəpousàit]
アダポウサイT

名 脂肪細胞
- adipo-（脂肪）+ -cyte（細胞）

☐ 040 ★
hepatocyte
[hépətəsàit]
ヘパタサイT

名 肝細胞
- hepato-（肝［臓］）+ -cyte（細胞）

Glossary 033-040
Cells

☐ 033 somatic cell 【体細胞】
多細胞生物（multicellular organism）を構成する細胞のうち、生殖細胞（germ cell）以外の細胞の総称です。

☐ 034 stem cell 【幹細胞】
分化した細胞を作る能力（多分化能）と、無制限の自己複製能力を併せ持つ細胞のことです。再生医療における利用がよく知られています。

☐ 035 germ cell 【生殖細胞】
精子、卵、花粉など、生殖のために分化した細胞です。例えば次のように用います。
例 a small body that contains the female germ cell of a plant（植物の雌生殖細胞を含む小さな体）

☐ 036 epithelial cell 【上皮細胞】
上皮（epithelium）[015] を形成する細胞の総称です。例えば次のように用います。
例 the normal degeneration and death of living cells as in various epithelial cells（さまざまな上皮細胞など、生きた細胞の通常の衰退と死）

☐ 037 mesenchymal cell 【間葉細胞】
初期胚の内胚葉（endoderm）と外胚葉（ectoderm）の間に位置する胚葉の細胞です。

☐ 038 fibroblast 【繊維芽細胞】
結合組織を構成する主要な細胞の1つで、コラーゲン（collagen）、エラスチン（elastin）、ヒアルロン酸（hyaluronic acid）といった真皮の成分を産生します。

☐ 039 adipocyte 【脂肪細胞】
細胞内に大きな脂肪塊を含む結合組織細胞です。

☐ 040 hepatocyte 【肝細胞】
肝臓の70〜80%を構成する約20μm大の細胞のことです。

Unit 2

☐ Day 3

Listen))) CD-06

☐ 041 ★ prokaryotic cell
[proukæriátik sél]
プロウキャリ**ア**ティK / **セ**L

名 原核細胞
- ⊕ **形** prokaryotic（原核生物の）▶ **名** prokaryote（原核生物）
- ⊕ **名** cell（細胞）

☐ 042 ★ eukaryotic cell
[juːkæriátik sél]
ユーキャリ**ア**ティK / **セ**L

名 真核細胞
- ⊕ **形** eukaryotic（真核生物の）▶ **名** eukaryote（真核生物）
- ⊕ **名** cell（細胞）

☐ 043 ★ cell wall
[sél wɔ́ːl]
セL / **ウォー**L

名 （植物などの）細胞壁
- ⊕ **名** cell（細胞）
- ⊕ **名** wall（壁）
- ⊕ 植物や菌類、細菌類の細胞に見られる。

☐ 044 ★ cytoplasm ❶発音注意
[sáitəplæzm]
サイタPラZM

名 細胞質、原形質
- **形** cytoplasmic（細胞質[内]の）
- ⊕ cyto-（細胞、細胞質）+ -plasm（[細胞を]形成する物）

☐ 045 ★ cytosol ❶発音注意
[sáitəsɔ̀ːl]
サイタソーL

名 細胞質ゾル、サイトゾル
- ⊕ cyto-（細胞、細胞質）+ **名** sol（ゾル、コロイド溶液）

☐ 046 ★ cytoskeleton
[sàitəskélətn]
サイタS**ケ**ラTン

名 細胞骨格
- **形** cytoskeletal（細胞骨格の）
- ⊕ cyto-（細胞、細胞質）+ **名** skeleton（骨格、骨組み、組織）

☐ 047 ★ cell membrane
[sél mémbrein]
セL / **メ**MBレイン

名 細胞膜
- = plasma membrane（細胞膜、原形質膜）
- ⊕ **名** cell（細胞）
- ⊕ **名** membrane（膜）

☐ 048 ★ lipid bilayer
[lípid báilèiər]
リピD / **バ**イレイアr

名 脂質2重層
- = phospholipid bilayer（リン脂質2重層）
- ⊕ **名** lipid（脂質）
- ⊕ **名** bilayer（2重層）

Glossary 041-048
Cells

いよいよ、細胞の構造に関する語彙を学ぶところに来たね。知識を整理しながら覚えよう。

☐ 041 prokaryotic cell 【原核細胞】
核膜 (nuclear membrane) で囲まれた明確な核 (nucleus) がない細胞で、具体的には細菌類です。原核生物 (prokaryote) と事実上同じものを指します。

☐ 042 eukaryotic cell 【真核細胞】
核膜 (nuclear membrane) で囲まれた明確な核 (nucleus) のある細胞のことです。

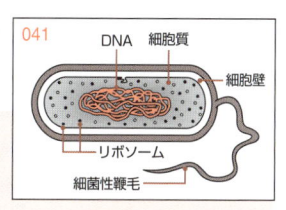

041 DNA 細胞質 細胞壁 リボソーム 細菌性鞭毛

☐ 043 cell wall 【細胞壁】
植物細胞などの外側を取り巻く多糖質の壁で、主な役割は、保護や補強、物質補給、影響感知などです。植物においては、細胞壁形成が進行しないと細胞分裂も生じません。

☐ 044 cytoplasm 【細胞質】
細胞膜 (cell membrane) [047] で囲まれた部分である原形質 (protoplasm) のうち、核 (nucleus) を除く部分のことを指します。

☐ 045 cytosol 【細胞質ゾル】
細胞質 (cytoplasm) から細胞小器官 (organelle) を全て除いた部分のことです。

☐ 046 cytoskeleton 【細胞骨格】
細胞質 (cytoplasm) 内に存在し、細胞形態の形成・維持や、細胞運動などに関与する繊維状構造物です。

☐ 047 cell membrane 【細胞膜】
細胞の周囲を囲み、細胞内外を隔てる膜です。イオンなどに対する透過性の調節や、受容体を介した細胞外からのシグナル受信などの、重要な機能を持っています。

☐ 048 lipid bilayer 【脂質2重層】
細胞膜 (cell membrane) [047] の主な構成要素である、両親媒性の (amphiphilic) リン脂質 (phospholipid) を構成成分とする膜です。

Unit 2

□ Day 4

Listen 》CD-07

□ 049 ★ ❶発音注意
organelle
[ɔ́ːrɡənél]
オーガネLL

名 細胞小器官、オルガネラ
= cell organ (細胞器官)

□ 050 ★
nucleus
[njúːkliəs]
ニューKリアS

名 (細胞)核
- **複** nuclei [njúːkliài]
- **例** cell nucleus (細胞核)
- **形** nuclear (核の、細胞核の)

□ 051 ★ ❶発音注意
nucleolus
[njuːklíːələs]
ニューKリーアラS

名 核小体、仁
- **複** nucleoli [njuːklíːəlài]

□ 052
nuclear membrane
[njúːkliər mémbrein]
ニューKリアー / メMBレイン

名 核膜
= nuclear envelope
- ➕ **形** nuclear (核の、細胞核の)
- ➕ **名** membrane (膜)

□ 053
nuclear pore
[njúːkliər póːr]
ニューKリアー / ポー

名 核膜孔 (かくまくこう)
- ➕ **形** nuclear (核の、細胞核の)
- ➕ **名** pore (小孔、細孔)

□ 054 ★
chromatin
[króumətin]
KロウマティN

名 染色質、クロマチン
- ➕ chrom-は「色、色素」の意。塩基性色素で染色されることからの呼び名。

□ 055 ★
vacuole
[vǽkjuoul]
ヴァキュオウL

名 液胞
- **形** vacuolar (空胞の、液胞の)

□ 056 ★ ❶発音注意
secretory vesicle
[sikríːtəri vésikl]
シKリータリ / ヴェシKL

名 分泌小胞
- ➕ **形** secretory (分泌[性]の) ▸ **動** secrete (〜を分泌する)
- ➕ **名** vesicle (小胞)

Glossary 049-056
Cells

☐ 049 **organelle** 【細胞小器官】
細胞質内にある、分化した特定の形態や機能を持つ構造物のことです。

☐ 050 **nucleus** 【核】
真核生物（eukaryote）の細胞内にあり、核膜（nuclear membrane）[052] で包まれた、細胞の遺伝情報の保存と複製を行う球状構造物のことです。

☐ 051 **nucleolus** 【核小体】
真核生物（eukaryote）の核（nucleus）の中に局在する小さな球状の塊で、リボソーム RNA の合成が行われる場所です。

☐ 052 **nuclear membrane** 【核膜】
核（nucleus）と原形質（protoplasm）とを隔てる生体膜のことです。所々に穴が空いており、それらは核膜孔（nuclear pole）[053] と呼ばれます。

☐ 053 **nuclear pore** 【核膜孔】
核膜（nuclear membrane）[052] の内膜と外膜が融合する場にある穴です。核内外の物質輸送は全てこの穴を通して行われます。

☐ 054 **chromatin** 【染色質】
核内に存在する、DNA とヒストン（histone）[181] を主成分とする複合体です。分裂期には染色体（chromosome）[177] を形成します。

☐ 055 **vacuole** 【液胞】
原形質から隔てられ、細胞液で満たされた構造体で、浸透圧の調節、および不要物の貯蔵や分解を行います。植物細胞において特に発達しています。

☐ 056 **secretory vesicle** 【分泌小胞】
細胞内の物質を細胞外に放出する働きをする小胞（vesicle）です。

Listen)) CD-08

□ 057 ★ ❶発音注意
ribosome
[ráibəsòum]
ラィバソゥM

名 リボソーム
- **形** ribosomal（リボソームの）
- ⊕ ribo-（リボース、リボ核酸）+ -some（体）

□ 058 ★ ❶発音注意
mitochondria
[màitəkándriə]
マィタ**カン**Dリア

名 ミトコンドリア、糸粒体
- **形** mitochondrial（ミトコンドリアの）
- ⊕ mitochondrion（= chondriosome）の複数形。
- ⊕ 真核生物の細胞小器官で、2重の生体膜から成る。

□ 059 ★
centrosome
[séntrəsòum]
センTラソゥム

名 中心体
- **形** centrosomic（中心体の）
- ⊕ centro-（中心）+ -some（体）
- ⊕ 中心体の中心には centriole（中心小体）がある。

□ 060 ★
Golgi apparatus
[góːldʒi æpərǽtəs]
ゴーレジ / アパ**ラ**タS

名 ゴルジ体、ゴルジ装置
- ⊕ **形** Golgi（ゴルジ体の）▸ Camillo Golgi（イタリアの組織学者。1843-1926）
- ⊕ **名** apparatus（装置、器官）

□ 061 ★
rough endoplasmic reticulum [RER]
[ráf èndəplǽzmik ritíkjuləm]
ラF / エンダPラZミK / リ**ティ**キュラM

名 粗面小胞体
- ⊕ **形** rough（粗い、でこぼこの）
- ⊕ **形** endoplasmic（［細胞］内質の）
- ⊕ **名** reticulum（網状物、網状組織）

□ 062 ★
smooth endoplasmic reticulum [SER]
[smúːð èndəplǽzmik ritíkjuləm]
S**ムー**ð / エンダPラZミK / リ**ティ**キュラM

名 滑面小胞体
- ⊕ **形** smooth（滑らかな）
- ⊕ **形** endoplasmic（［細胞］内質の）
- ⊕ **名** reticulum（網状物、網状組織）

□ 063 ★
microtubule
[màikrətjúːbjuːl]
マィKラ**テュー**ビューL

名 微小管
- ⊕ micro-（微小）+ **名** tubule（小管、細管）
- ⊕ 直径約25nmの管状の構造体。

□ 064 ★ ❶発音注意
lysosome
[láisəsòum]
ラィサソゥM

名 リソソーム、ライソゾーム
- **形** lysosomal（リソソームの）
- ⊕ lyso-（溶解、分解）+ -some（体）

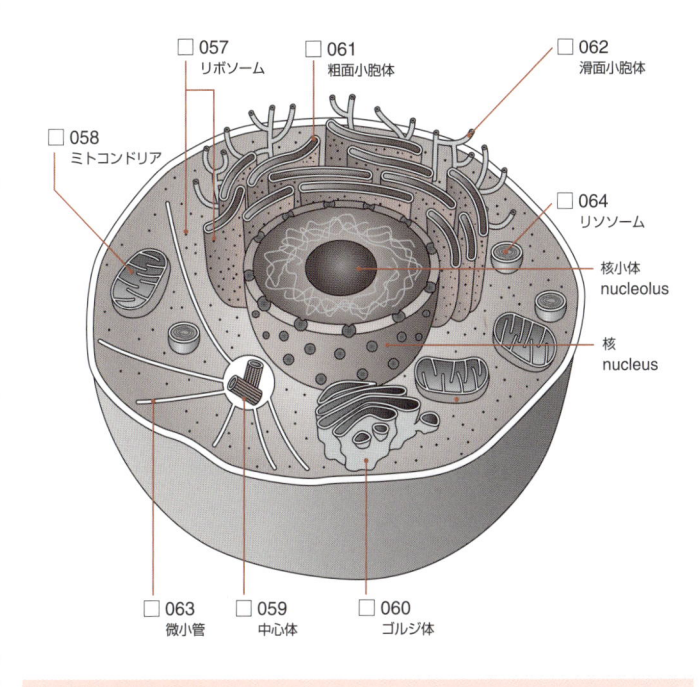

Glossary 057-064
Cells

図を見ながら、各部分を英語で言えるか確かめていこう！

- 057 リボソーム
- 061 粗面小胞体
- 062 滑面小胞体
- 058 ミトコンドリア
- 064 リソソーム
- 核小体 nucleolus
- 核 nucleus
- 063 微小管
- 059 中心体
- 060 ゴルジ体

- [ ] 057 **ribosome**（メッセンジャーRNAの遺伝情報に基づくタンパク質合成、すなわち「翻訳（translation）」が行われる場）
- [ ] 058 **mitochondria**（独自のDNAを持ち、分裂・増殖する。酸素呼吸［好気呼吸］の場として知られ、形状は棒状または粒状）
- [ ] 059 **centrosome**（「微小管形成中心」とも呼ばれる）
- [ ] 060 **Golgi apparatus**（膜系の複合体で、タンパク質や脂質を小胞体から受け取り、糖鎖を結合するなどして細胞内の他領域に分配する）
- [ ] 061 **rough endoplasmic reticulum**（リボソームが付着している小胞体）
- [ ] 062 **smooth endoplasmic reticulum**（リボソームが付着していない小胞体）
- [ ] 063 **microtubule**（主にチューブリン［tubulin］と呼ばれるタンパク質から成る。細胞の形の決定や保持、および細胞の運動に関与）
- [ ] 064 **lysosome**（内部に加水分解酵素を持ち、エンドサイトーシス［075］などによって膜内に取り込まれた物質の消化作用を行う）

Unit 2

☐ Day 5

Listen))) CD-09

065 peroxisome ❶発音注意
[pəráksəsòum]
パラKサソウM

🟠 ペルオキシソーム
- ⊕ peroxi-（過酸化物、ペルオキソ基）+ -some（体）
- ⊕ 名 peroxidase（ペルオキシダーゼ）

066 ★ endosome
[éndəsòum]
エンドソウM

🟠 名 エンドソーム
- 形 endosomal（エンドソームの）
- ⊕ endo-（内側、内部）+ -some（体）

067 ★ chloroplast ❶発音注意
[klɔ́:rəplæst]
Kローラプラ ST

🟠 葉緑体
- ⊕ chloro-（緑）+ -plast（形成された物、細胞小器官）

068 microfilament
[màikrəfíləmənt]
マイクラフィラマンT

🟠 名 微小繊維、微細繊維、マイクロフィラメント
- ⊕ micro-（微小）+ 名 filament（繊維）

069 intermediate filament
[ìntərmí:diət fíləmənt]
インターミーディア T / フィラマンT

🟠 名 中間径繊維、中間径フィラメント
- ⊕ 形 intermediate（中間の）⊕ 名 filament（繊維）

070 ★ flagellum ❶発音注意
[flədʒéləm]
FラジェラM

🟠 名 鞭毛（べんもう）
- 複 flagella [flədʒélə]

071 ★ cell adhesion ❶発音注意
[sél ædhí:ʒən]
セL / アDヒージャン

🟠 細胞接着
- 例 cell adhesion molecule（細胞接着分子）
- ⊕ 名 cell（細胞）
- ⊕ 名 adhesion（接着）

072 ★ cell line
[sél láin]
セL / ライン

🟠 細胞株、株（化）細胞、細胞系
- ⊕ 名 cell（細胞）
- ⊕ 名 line（系統、連続）

Glossary 065-072
Cells

☐ 065 **peroxisome** 【ペルオキシソーム】

多様な物質の酸化反応を行っており、主に分子状の酵素を2段階の還元反応で水にする役割を担っています。リソソームに形態は似ていますが、含まれる酵素が異なります。

☐ 066 **endosome** 【エンドソーム】

細胞外の物質の取り込みや、選別輸送にかかわる小器官です。再利用するための分子の取り込みも行います。

☐ 067 **chloroplast** 【葉緑体】

藻類と緑色植物の細胞質内に見られる小器官で、光合成 (photosynthesis) の場として知られています。

☐ 068 **microfilament** 【微小繊維】

細胞骨格 (cytoskeleton) の主要構成要素の1つで、細胞の形の維持・変化や、細胞内の物質移動などにかかわる繊維 (filament) のことです。

☐ 069 **intermediate filament** 【中間径繊維】

細胞骨格 (cytoskeleton) の主要構成要素の1つで、マイクロフィラメントと微小管の中間の太さの繊維 (filament) です。かご状の構造を持ち、核を取り囲んで固定する働きがあります。

☐ 070 **flagellum** 【鞭毛】

原生動物や細菌、動植物の配偶子などに見られる細長い細胞小器官です。これがモーターとなって、遊泳に必要な推進力が生じます。

☐ 071 **cell adhesion** 【細胞接着】

多細胞生物において、組織や器官を形作るために、細胞同士が付着・結合することです。

☐ 072 **cell line** 【細胞株】

細胞培養に関する表現で、不死化により系統が安定的に継続していく培養細胞のことをこのように呼びます。

Unit 2

☐ Day 5

Listen 》CD-10

☐ 073 ★ transport
[trænspɔ́ːrt]
Tラン S ポー T

名 (細胞内の) 輸送　動 ～を輸送する
≒ traffic (輸送、運輸)
例 nuclear protein transport (核タンパク質輸送)
➕ 動詞の場合の発音は [trænspɔ́ːrt]。

☐ 074 ★ exocytosis
[èksousaitóusis]
エKソウサイトウシS

名 エキソサイトーシス
形 exocytotic (エキソサイトーシスの)
➕ exo- (外側、外部) + cyto- (細胞) + -sis (状態、過程)
➕ 細胞外への物質 (タンパク質など) の分泌形態の1つ。

☐ 075 ★ endocytosis
[èndousaitóusis]
エンドウサイトウシS

名 エンドサイトーシス、飲食細胞運動
形 endocytic、endocytotic (エンドサイトーシスの)
➕ endo- (内側、内部) + cyto- (細胞) + -sis (状態、過程)
➕ 細胞が細胞外の物質を取り込む過程の1つ。

☐ 076 ★ fusion
[fjúːʒən]
フュージャン

名 融合、融着、融解
例 fusion protein (融合タンパク質)、cell fusion (細胞融合)、fusion between A and B (AB間の融合)
動 fuse (～を融合させる、融解させる)

☐ 077 ★ secrete ❶発音注意
[sikríːt]
シKリー T

動 ～を分泌する
例 secreted protein (分泌タンパク質)
名 secretion (分泌 [物])
形 secretory (分泌 [性] の)

☐ 078 ★ encode
[inkóud]
インコウD

動 ～をコードする、記号化する、暗号化する
= code for ～　⇔ decode
例 Gene A encodes protein B. (A遺伝子はBタンパク質をコードしている)

☐ 079 signaling
[sígnəliŋ]
シGナリンG

名 シグナル伝達
= signal transduction
例 signaling pathway (シグナル [伝達] 経路)

☐ 080 ★ apoptosis ❶発音注意
[æpətóusis]
アパトウシS

名 アポトーシス、細胞自然死
≒ programmed cell death (プログラム細胞死)

Glossary 073-080
Cells

日常的に使われる語でも、生物学の文脈では特別な意味になることが多いので注意しよう。

☐ 073 transport 【輸送】
物質を一方から他方へ運び送ることです。例えば次のように用います。
例 Microtubules facilitate Nek2 transport to the centrosome.（微小管は、中心体へのNek2輸送を促進する）

☐ 074 exocytosis 【エキソサイトーシス】
細胞内で合成された物質が、分泌小胞内に貯留された後、細胞外に放出される現象です。

☐ 075 endocytosis 【エンドサイトーシス】
エキソサイトーシスとは逆に、細胞外から、細胞膜によって形成された小胞を介して物質を取り込む現象です。

☐ 076 fusion 【融合】
複数の物が1つに溶け合うことです。細胞同士の合一を指して使われることもあります。

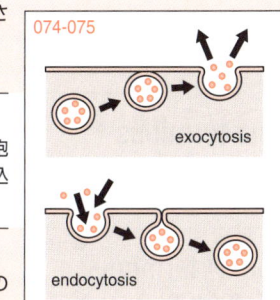

☐ 077 secrete 【〜を分泌する】
細胞から物質が産生され放出されることです。hormone secreted by 〜（〜から分泌されるホルモン）のように、受け身の形でもよく使われます。

☐ 078 encode 【〜をコードする】
「情報を一定の規則に従ってデータに置き換え記録する」ことを表す動詞です。生物学では通常、「DNAが特定の遺伝情報（タンパク質を作るためのアミノ酸配列情報）を持つ」といった意味で使われます。

☐ 079 signaling 【シグナル伝達】
生体の活動と維持は、細胞間や細胞内のシグナル伝達機構（signaling mechanism）により制御されます。シグナル伝達機構は、さまざまなシグナル伝達分子（signaling molecule）によって担われます。

☐ 080 apoptosis 【アポトーシス】
生物を構成する一部の細胞が、遺伝的なプログラムにより、役目を終えたり不要になったりすると自ら死ぬ現象のことです。

Unit 3

タンパク質・糖質・脂質
Proteins, Sugars and Lipids

☐ Day 6

Listen)) CD-11

☐ 081 ★ ❶発音注意
protein
[próuti:n]
Pロウティーン

名 **タンパク質、プロテイン**
例 regulatory protein (調節タンパク質)、protein complex (タンパク質複合体)

☐ 082 ★ ❶発音注意
amino acid [AA]
[əmí:nou ǽsid]
アミーノウ / **ア**シD

名 **アミノ酸**
例 essential amino acid (必須アミノ酸)、amino-acid sequence (アミノ酸配列)
⊕ 形 amino (アミノ基を持つ) ⊕ acid (酸)

☐ 083 ★ ❶発音注意
amino terminus [N terminus]
[əmí:nou tá:rmənəs]
アミーノウ / **タ**ーマナS

名 **アミノ末端、N末端**
⇔ carboxyl terminus (カルボキシル末端)
複 amino termini ▶ ⊕ termini の発音は [tá:rmənài]。
⊕ 形 amino (アミノ基を持つ) ⊕ 名 terminus (末端)

☐ 084 ★ ❶発音注意
carboxyl terminus [C terminus]
[kɑ:rbáksəl tá:rmənəs]
カーバKサL / **タ**ーマナS

名 **カルボキシル末端、C末端**
⇔ amino terminus (アミノ末端)
複 carboxyl termini ⊕ 形 carboxyl (カルボキシル基を持つ) ⊕ 名 terminus (末端)

☐ 085 ★ ❶発音注意
polypeptide
[pàlipéptaid]
パリ**ペ**Pタイド

名 **ポリペプチド**
⊕ poly- (多数、多量) + 名 peptide (ペプチド)
⊕ 多数のアミノ酸がペプチド結合 (-CO-NH-) を形成して重合したものの総称。

☐ 086 ❶発音注意
subunit
[sʌ́bjú:nit]
サ**ビュ**ーニT

名 **サブユニット**
例 catalytic subunit (触媒サブユニット)
⊕ sub- (亜、下位区分) + 名 unit (単一体)

☐ 087 ★ ❶発音注意
molecule
[mάləkjù:l]
マラキューL

名 **分子**
例 diatomic molecule (二原子分子)、manipulation of atoms and molecules (原子および分子の操作)
形 molecular (分子の、分子から成る)

☐ 088 ★ ❶発音注意
molecular chaperone
[məlékjulər ʃǽpəròun]
マ**レ**キュラー / **シャ**パロウン

名 **分子シャペロン**
⊕ 形 molecular (分子の、分子から成る)
⊕ 名 chaperone (シャペロン) ▶ ⊕ もともとは「付添人」を意味する語。chaperon ともつづる。

Glossary 081-088
Proteins, Sugars and Lipids

☐ 081 protein 【タンパク質】
生体の重要な構成成分で、アミノ酸 (amino acid) がペプチド結合 (peptide bond) [089] により結合した高分子化合物です。

☐ 082 amino acid 【アミノ酸】
アミノ基とカルボキシル基の両方の官能基を持つ有機化合物の総称です。狭義には、生体のタンパク質 (protein) を構成する「α-アミノ酸」を指します。

☐ 083 amino terminus 【アミノ末端】
タンパク質 (protein) やポリペプチド (polypeptide) の一方の末端で、アミノ基で終わる側の呼称です。タンパク質形成時には、一方のアミノ酸のアミノ基と、もう一方のカルボキシル基とがペプチド結合するので、両末端の官能基が違うことになります。

☐ 084 carboxyl terminus 【カルボキシル末端】
タンパク質 (protein) やポリペプチド (polypeptide) の一方の末端で、カルボキシル基で終わる側の呼称です。carboxy terminus (カルボキシ末端) とも呼ばれます。

☐ 085 polypeptide 【ポリペプチド】
ペプチド結合 (peptide bond) [089] によりできた化合物を、高分子 (macromolecule) という側面から呼ぶ場合の用語です。機能面から呼ぶ場合は、タンパク質 (protein) を用います。なお、アミノ酸が比較的少ないものは「オリゴペプチド」と呼ばれます。

☐ 086 subunit 【サブユニット】
多量体タンパク質やオリゴマータンパク質など、会合する複数の単位から成るタンパク質の構成単位のことです。

☐ 087 molecule 【分子】
原子 (atom) が結合して構成される物質です。高分子 (macromolecule) のように、非常に多数の原子から成るものもあります。

☐ 088 molecular chaperone 【分子シャペロン】
ほかのタンパク質分子が正しい折り畳み (folding) をして正常な機能を獲得できるように助けるタンパク質のことです。よく知られているものに、熱ショックタンパク質 (heat shock protein [HSP]) があります。

Unit 3

☐Day 6

Listen 》CD-12

☐ 089 ★ ❶発音注意
peptide bond

[péptaid bánd]
ペPタィD / バンD

📛 ペプチド結合
- 📛 peptide (ペプチド)
- 📛 bond (結合)

☐ 090 ★ ❶発音注意
disulfide bond

[daisʌ́lfaid bánd]
ダイサLファィD / バンD

📛 ジスルフィド結合
- 📛 disulfide (ジスルフィド、二硫化物)
- 📛 bond (結合)

☐ 091 ❶発音注意
protein domain

[próuti:n douméin]
Pロウティーン / ドウメィン

📛 タンパク質ドメイン、プロテインドメイン
- 📛 protein (タンパク質)
- 📛 domain (領域、範囲)

☐ 092 ★ ❶発音注意
green fluorescent protein [GFP]

[grí:n fluərésnt próuti:n]
Gリーン / FルアレSンT / Pロウティーン

📛 緑色蛍光タンパク質、GFP
- 🔶 green (緑色の)
- 🔶 fluorescent (蛍光性の)
- 📛 protein (タンパク質)

☐ 093 ★ ❶発音注意
phosphorylation

[fàsfərəléiʃən]
ファSファラレイシャン

📛 リン酸化 (反応)、ホスホリレーション
- 🔶 phosphorylate (〜をリン酸 [エステル] 化する)

☐ 094 ★ ❶発音注意
glycosylation

[glàikəsəléiʃən]
Gライカサレイシャン

📛 グリコシル化、グリコシレーション
- 🔶 glycosylate (〜をグリコシル化する)
- 📛 glycobiology (グリコバイオロジー、糖生物学)

☐ 095 ★
acetylation

[əsetiléiʃən]
アセティレイシャン

📛 アセチル化
- 🔶 acetylate (〜をアセチル化する)

☐ 096 ★ ❶発音注意
methylation

[meθəléiʃən]
メθァレイシャン

📛 メチル化
- 例 DNA methylation (DNAメチル化 [メチル化による遺伝子サイレンス])
- 🔶 methylate (〜をメチル化する)

Glossary 089-096
Proteins, Sugars and Lipids

結合を形成するには、エネルギーの授受が必要。リン酸化は生物のエネルギー貯蔵のためだ。

☐ 089 peptide bond 【ペプチド結合】
アミノ酸 (amino acid) 同士のアミノ基とカルボキシル基を結合させて、高分子化合物であるタンパク質 (protein) にする化学結合のことです。アミド結合 (amide bond) と同じ化学構造ですが、タンパク質の場合にはこう呼ばれます。

☐ 090 disulfide bond 【ジスルフィド結合】
全体的な構造が R-S-S-R となる、2組のチオール (thiol) のカップリングで得られる共有結合のことです (チオールとは R-SH [R は有機基] で表される構造)。この結合は通常、チオールの酸化によって作られます。

☐ 091 protein domain 【タンパク質ドメイン】
タンパク質の配列・構造の一部を指す語で、ほかの部分より保存されやすく、特定の機能を持つ領域のことです。

☐ 092 green fluorescent protein 【緑色蛍光タンパク質】
オワンクラゲ (*Aequorea victoria*) が持つ分子量約 27 kDa の蛍光タンパク質です。励起されると最大蛍光波長 508 nm の緑色の蛍光を発します。このクラゲの GFP の発見で、2008年に下村脩博士はノーベル化学賞を受賞しました。

☐ 093 phosphorylation 【リン酸化】
各種の有機化合物、特にタンパク質にリン酸基を付加させる化学反応を指して使われる語です。リン酸化を触媒する酵素は、一般にキナーゼ (kinase) [137] と呼ばれます。

☐ 094 glycosylation 【グリコシル化】
タンパク質や脂質 (lipid) に糖類 (sugar) が付加する反応です。タンパク質の機能だと思われてきた特徴が、実はその表面の糖鎖によるものであることが分かってきました。

☐ 095 acetylation 【アセチル化】
真核生物 (eukaryote) のタンパク質の N 末端にある α-アミノ酸は、しばしばアセチル化されます。N 末端のアセチル化は、アセチル CoA からの転移反応です。

☐ 096 methylation 【メチル化】
生物において、メチル化は遺伝子発現の制御やタンパク質の機能調節、RNA 代謝などに深くかかわっています。

Unit 3

☐ Day 7

Listen))) CD-13

☐ 097 ★ ❶発音注意
asparagine [Asn、N]
[əspǽrədʒìːn]
ア**S**パラジーン

🟧 **アスパラギン**
🧪 $NH_2COCH_2CH(COOH)NH_2$
➕ 非必須アミノ酸。
➕ 🟧 aspartic acid [Asp、D]（アスパラギン酸）

☐ 098 ★ ❶発音注意
glutamine [Gln、Q]
[glúːtəmìːn]
G**ル**ータミーン

🟧 **グルタミン**
🧪 $NH_2CO(CH_2)_2CH(NH_2)COOH$
➕ 非必須アミノ酸。
➕ 🟧 glutamic acid [Glu、E]（グルタミン酸）

☐ 099 ★ ❶発音注意
lysine [Lys、K]
[láisiːn]
ライシーン

🟧 **リシン**、リジン
🧪 $NH_2(CH_2)_4CH(NH_2)COOH$
➕ 必須アミノ酸。

☐ 100 ★ ❶発音注意
arginine [Arg、R]
[áːrdʒənìːn]
アージャニーン

🟧 **アルギニン**
🧪 $(H_2NC(=NH)NH(CH_2)_3CH(COOH)NH_2$
➕ 天然に存在する最も塩基性が高いアミノ酸で、非必須アミノ酸。

☐ 101 ★
serine [Ser、S]
[sériːn]
セリーン

🟧 **セリン**
➕ ヒドロキシメチル基を持つ非必須アミノ酸。構造式は右ページ参照。

☐ 102 ★ ❶発音注意
threonine [Thr、T]
[θríːənìːn]
θ**リ**ーアニーン

🟧 **トレオニン**、スレオニン
➕ ヒドロキシエチル基を持つ必須アミノ酸。構造式は右ページ参照。

☐ 103 ★ ❶発音注意
histidine [His、H]
[hístədìːn]
ヒSタディーン

🟧 **ヒスチジン**
➕ 塩基性の必須アミノ酸。側鎖にイミダゾイル基という複素芳香環を持つ。構造式は右ページ参照。

☐ 104 ★ ❶発音注意
tyrosine [Tyr、Y]
[táiərəsìːn]
タイアラシーン

🟧 **チロシン**
➕ 側鎖にフェノール部位を持つ非必須アミノ酸。構造式は右ページ参照。

Glossary 097-104
Proteins, Sugars and Lipids

☐ 101 セリン

☐ 102 トレオニン

☐ 103 ヒスチジン

☐ 104 チロシン

☐ 097 **asparagine**（最初にアスパラガスから単離されたアミノ酸で、野菜や豆類などを中心に、植物に広く分布する。アンモニア貯蔵の役割を持つ）

☐ 098 **glutamine**（非必須アミノ酸ながら、体内での合成量では不足することがあり、準必須アミノ酸として扱われる場合もある。血液中などに存在し、アンモニアの担体となる）

☐ 099 **lysine**（動物性のタンパク質に多く含まれ、穀物などにはあまり含まれない）

☐ 100 **arginine**（非必須アミノ酸だが、成長期には摂取が必要）

☐ 101 **serine**（ある種の酵素の活性部位に含まれ、代謝において重要な役割を果たす）

☐ 102 **threonine**（植物や大部分の微生物は、これをアスパラギン酸から合成する）

☐ 103 **histidine**（側鎖部分の特殊な性質により、酵素の活性中心や、タンパク質分子内でのプロトン（H^+）転移に関与。脱炭酸してヒスタミンを形成する）

☐ 104 **tyrosine**（多くのタンパク質に含まれる。リンゴを変色させる原因となる物質としても知られる）

Unit 3

□ Day 7

Listen 》CD-14

□ 105 ★ ❶発音注意
glycine [Gly、G]
[gláisi:n]
Gらイシーン

名 グリシン
化 H₂NCH₂COOH
➕ 不斉炭素がなく、アミノ酸の中で最も単純な化学構造を持つ。非必須アミノ酸。

□ 106 ★
alanine [Ala、A]
[æləní:n]
アラニーン

名 アラニン
化 CH₃CH (COOH) NH₂
➕ アミノ酸の中で、グリシンに次いで2番目に小さい。非必須アミノ酸。

□ 107 ★
valine [Val、V]
[væli:n]
ヴァリーン

名 バリン
➕ 側鎖にイソプロピル基を持つ必須アミノ酸。構造式は右ページ参照。

□ 108 ★ ❶発音注意
leucine [Leu、L]
[lú:sin]
ルーシン

名 ロイシン
➕ 側鎖にイソブチル基を持つ必須アミノ酸。構造式は右ページ参照。

□ 109 ★ ❶発音注意
proline [Pro、P]
[próuli:n]
Pロウリーン

名 プロリン
➕ 環状アミノ酸で、唯一アミノ基を持たない非必須アミノ酸。構造式は右ページ参照。

□ 110 ★
tryptophan [Trp、W]
[tríptəfæn]
TリPタファン

名 トリプトファン
➕ 側鎖にインドール環を持つ必須アミノ酸。構造式は右ページ参照。

□ 111 ★ ❶発音注意
cysteine [Cys、C]
[sístii:n]
シSティイーン

名 システイン
➕ 側鎖にチオール基を持つ非必須アミノ酸。自然界にはL体（立体配置）として存在する。構造式は右ページ参照。

□ 112 ★ ❶発音注意
methionine [Met、M]
[miθáiənin]
ミθアイアニン

名 メチオニン
➕ 側鎖に硫黄を含んだ疎水性の必須アミノ酸。構造式は右ページ参照。

Glossary 105-112
Proteins, Sugars and Lipids

アミノ酸の名前を覚えるのは大変かもしれないけど、それだけ重要だということ。頑張って！

- [ ] 107 バリン
- [ ] 108 ロイシン
- [ ] 109 プロリン
- [ ] 110 トリプトファン
- [ ] 111 システイン
- [ ] 112 メチオニン

- [ ] 105 **glycine**（大半のタンパク質には微量しか含まれないが、コラーゲンには多く含まれる）
- [ ] 106 **alanine**（ほとんど全てのタンパク質に見られる。トウモロコシや羊毛中などにも多い）
- [ ] 107 **valine**（多くのタンパク質に含まれ、食品では魚、鶏肉、牛肉、ゴマなどに多い）
- [ ] 108 **leucine**（タンパク質の生成・分解を調整し、筋肉の維持に関与する）
- [ ] 109 **proline**（コラーゲンの主要構成アミノ酸の1つで、ゼラチンや動物の皮などに多く含まれる。アルコールに溶けやすい）
- [ ] 110 **tryptophan**（少量ながら多くのタンパク質に含まれる。食品では、肉、魚、豆類、乳製品などに多い）
- [ ] 111 **cysteine**（少量ながら多くのタンパク質に見られる含硫アミノ酸。赤唐辛子、ニンニク、タマネギ、ブロッコリー、小麦胚芽などに含まれる）
- [ ] 112 **methionine**（血液中のコレステロール値を下げ、活性酸素を取り除く作用があり、肝臓病の治療薬にも用いられる）

Unit 3

☐ Day 8

Listen))) CD-15

☐ 113 ★
carbohydrate

[kɑ̀ːrbouháidreit]
カーボウハイDレイT

炭水化物、糖類
≒ sugar (糖、糖類)
⊕ carbo- (炭素) + hydrate (水和物、水化物)

☐ 114 ★
monosaccharide

[mὰnəsǽkərὰid]
マナサカライD

単糖(類)、モノサッカライド
⊕ mono- (1、単) + saccharide (糖類)

☐ 115 ★
polysaccharide

[pɑ̀lisǽkərὰid]
パリサカライD

多糖(類)、ポリサッカライド
⊕ poly- (多数、多量) + saccharide (糖類)
⊕ 単糖が2けた以上結合したものを指すことが多い。

☐ 116 ★
oligosaccharide

[ὰligousǽkərὰid]
アリゴウサカライD

オリゴ糖
⊕ oligo- (小数、少量) + saccharide (糖類)
⊕ 接頭辞 oligo- は、「少ない」という意味のギリシャ語が語源。

☐ 117 ★ ❶発音注意
glucose

[glúːkous]
Gルーコウs

グルコース、ブドウ糖
≒ dextrose (デキストロース、右旋糖)
⑱ glucosic (グルコースの)
⑰ $C_6H_{12}O_6$

☐ 118 ★ ❶発音注意
cellulose

[séljulòus]
セリュロウs

セルロース、繊維素
⑰ $(C_6H_{10}O_5)_n$
⊕ 植物の細胞壁の主成分。グルコースがβ-1, 4-グルコシド結合で直鎖状に縮合重合した高分子。

☐ 119 ❶発音注意
glycoprotein

[glàikoupróutiːn]
GライコウPロウティーン

糖タンパク質、グリコプロテイン
⊕ glyco- (糖、グリコーゲン) + protein (タンパク質)

☐ 120 ❶発音注意
glycosidic linkage

[glàikəsídik líŋkidʒ]
GライカシディK / リンGキジ

グリコシド結合
= glycoside bond
⊕ ⑱ glycosidic (配糖体の、グリコシドの)
⊕ linkage (結合、連鎖)

Proteins, Sugars and Lipids

□ 113 carbohydrate 【炭水化物】
糖類のことで、多くは $C_mH_{2n}O_n$ という分子式で表されます。この分子式を $C_m(H_2O)_n$ と表すと炭素に水が結合した物質のように見えるため、この呼び名となりました。

□ 114 monosaccharide 【単糖】
それ以上加水分解 (hydrolysis) できない、最小単位の糖のことです。複数の糖が脱水により縮合重合して大きな糖 (多糖、オリゴ糖、二糖) を形成する際の要素となります。

□ 115 polysaccharide 【多糖】
単糖 (monosaccharide) の分子が多数、グリコシド結合で重合した糖類の総称です。構造多糖、エネルギー貯蔵物質などとして存在します。

□ 116 oligosaccharide 【オリゴ糖】
単糖 (monosaccharide) 分子が10個未満結合したものの総称です。

□ 117 glucose 【グルコース】
代表的な単糖 (monosaccharide) で、生体の最も重要なエネルギー源の1つです。

β-D-グルコース

□ 118 cellulose 【セルロース】
地球上で最も多く存在するバイオマス (biomass) で、グルコースの多糖類です。バイオマスエタノールの有効な原料としても注目されています。

□ 119 glycoprotein 【糖タンパク質】
糖とタンパク質 (protein) が結合した一群の物質の総称です。構造的には、ポリペプチド (polypeptide) に糖鎖が共有結合しているタンパク質のことです。

□ 120 glycosidic linkage 【グリコシド結合】
糖と糖以外の有機化合物との結合です。グリコシド結合によってできた物質は、配糖体 (glycoside) と呼ばれます。なお、糖と糖との結合は、「グルコシド結合」です。

Unit 3

☐ Day 8

Listen)) CD-16

121 ★ lipid
[lípid]
リピD

名 脂質、リピド
- **形** lipidic（脂質の）
- ➕ 生物から単離される、水に溶けない物質の総称。化学的、構造的性質ではなく、溶解度によって定義される。

122 ★ fatty acid
[fǽti ǽsid]
ファティ/アシD

名 脂肪酸
- **例** saturated fatty acid（飽和脂肪酸）
- ➕ **形** fatty（脂肪性の、脂質の）
- ➕ **名** acid（酸）

123 acetate ❶発音注意
[ǽsətèit]
アサテイT

名 酢酸塩、酢酸エステル
- ≒ ethanoate（エタン酸塩）
- **例** ethyl acetate（酢酸エチル）
- ➕ acet-（酢酸）+ -ate（〜酸塩、エステル）

124 ★ glycerol ❶発音注意
[glísərɔ̀:l]
GリサローL

名 グリセロール、グリセリン
- = glycerin **化** $C_3H_5(OH)_3$
- ➕ 3価のアルコール。無色透明の糖蜜状液体で、水やエタノールに溶けやすく、エーテルに溶けにくい。

125 ★ cholesterol ❶発音注意
[kəléstərɔ̀ul]
カレStaロウL

名 コレステロール
- **化** $C_{27}H_{46}O$
- ➕ 室温で単離された場合は、白色か微黄色の固体。

126 glycolipid ❶発音注意
[glàikəlípid]
GライカリピD

名 糖脂質
- ➕ glyco-（糖、グリコーゲン）+ **名** lipid（脂質）

127 ★ phospholipid
[fɑ̀sfoulípid]
ファSフォウリピD

名 リン脂質
- ➕ phospho-（リン、リンを含む）+ **名** lipid（脂質）

128 ★ micelle ❶発音注意
[misél]
ミセL

名 ミセル、膠質粒子
- **形** micellar（ミセルの）
- ➕ micell ともつづる。
- ➕ [maisél] という発音もある。

Glossary 121-128
Proteins, Sugars and Lipids

脂質には、重要なエネルギー貯蔵機能がある。「太る」イメージだけだと気の毒かも？

☐ 121 **lipid**【脂質】
脂質は、アルコールと脂肪酸のエステルである「単純脂質 (simple lipid)」、リン酸や糖を含む脂質である「複合脂質 (complex lipid)」および、これらの脂質から加水分解によって誘導される「誘導脂質 (derived lipid)」の3種類に大別されます。

☐ 122 **fatty acid**【脂肪酸】
一般式 C_nH_mCOOH で表すことのできる長鎖炭化水素の1価のカルボン酸のことです。脂肪酸はグリセロール (glycerol) [124] をエステル化して、リン脂質を構成します。

☐ 123 **acetate**【酢酸塩】
酢酸イオンを持つ塩のことで、酢酸銅や酢酸ナトリウムなどがあります。酢酸エステルには、酢酸エチルなどがあります。

☐ 124 **glycerol**【グリセロール】
従来は石鹸の廃液を精製して作られていましたが、近年ではプロピレンからの合成で安価に製造されています。保水性と吸湿性に優れています。

☐ 125 **cholesterol**【コレステロール】
「善玉」「悪玉」を前に付けた呼び名がありますが、これらはコレステロール分子自体を指すものではなく、血管内での動きの違いに由来する呼び名です。

☐ 126 **glycolipid**【糖脂質】
水溶性糖類と脂溶性基の両方を分子内に含む物質の総称です。あらゆる真核生物 (eukaryote) の細胞膜 (cell membrane) 表面で、リン脂質 (phospholipid) と結合した状態で存在します。

☐ 127 **phospholipid**【リン脂質】
リン酸エステル (phosphate) 部位を持つ脂質の総称です。両親媒性で、脂質2重層を形成して細胞膜の主要な構成成分となります。

☐ 128 **micelle**【ミセル】
混じり合わない液体のうちの両親媒性物質が粒状に会合している構造の呼び名です。

Unit 4 代謝と酵素
Metabolism and Enzymes

□ Day 9

Listen)) CD-17

129 ★ enzyme
❶発音注意
[énzaim]
エンザイM

名 酵素
= ferment
形 enzymatic (酵素の)
❶ 酵素名は、語尾に -ase (アーゼ) を付けて表す。

130 ★ coenzyme
❶発音注意
[kouénzaim]
コウエンザイM

名 補酵素
❶ co- (補、副) + 名 enzyme (酵素)

131 ★ catalyst [cat.]
❶発音注意
[kǽtəlist]
キャタリST

名 触媒
= catalytic agent、catalytic substance
動 catalyze (〜に触媒作用を及ぼす)
形 catalytic (触媒の、触媒作用の)

132 ★ substrate
[sʌ́bstreit]
サBSTレイT

名 基質
例 substrate specificity (基質特異性)

133 specific
[spisífik]
SピシフィK

形 特異的な、特異性の
名 specificity (特異性)

134 binding site
[báindiŋ sáit]
バインディンG / サイT

名 結合部位
❶ 形 binding (結合の、接合の)
❶ 名 site (場所)
❶ 一般には「化学結合が起こる部位」を表す。

135 ★ catalytic site
[kætəlítik sáit]
キャタリティK / サイT

名 触媒部位
❶ 形 catalytic (触媒の)
❶ 名 site (場所、遺伝子内で突然変異を起こす最小単位)

136 ★ allosteric
[æ̀ləstérik]
アラSテリK

形 アロステリックな
例 allosteric effect (アロステリック効果)

Metabolism and Enzymes

□ 129 enzyme 【酵素】
主として生体で起こる化学反応に対し触媒（catalyst）として機能する、高次構造を持つタンパク質分子のことです。

□ 130 coenzyme 【補酵素】
酵素作用を補助する、または酵素作用に不可欠な低分子化合物のことで、その多くはビタミン（炭水化物やタンパク質、脂質、ミネラル以外）として知られています。「コエンザイム」として、商品名に入っているものも多数あります。

□ 131 catalyst 【触媒】
特定の化学反応において、反応を促進させ反応速度を高める働きのみをする物質で、それ自身は反応の際に消費されたり変化したりしないもののことです。

□ 132 substrate 【基質】
酵素（enzyme）の触媒作用によって化学反応を引き起こされる、特定の物質のことです。

□ 133 specific 【特異的な】
生命科学では、しばしば酵素（enzyme）や抗体（antibody）[330] の機能を指して使います。site-specific（部位特異的な）、organ-specific（器官特異的な）のように、ほかの語とハイフンでつなげて使うこともよくあります。

□ 134 binding site 【結合部位】
代謝においては、酵素と基質が結合する部位を指します。なお、「部位」を site のほかに domain で表すことがあり、その場合は「領域」という意味が込められています。このほか、binding module（結合単位）という表現も使われます。

□ 135 catalytic site 【触媒部位】
結合部位（binding site）が、単に酵素と基質が「結合する部分」を指すのに対し、「結合し反応が起こる部分」のことをこのように呼びます。

□ 136 allosteric 【アロステリックな】
主に酵素反応に関して用いられる形容詞です。タンパク質の特定の活性部位の機能が、ほかの化合物に影響されることを表します。

Unit 4

☐ Day 9

Listen))) CD-18

137 ★ kinase
[káineis] カイネイS
❶発音注意

キナーゼ、リン酸化酵素
- 例 protein kinase（プロテインキナーゼ）
- ⊕ kin-（動き、運動）+ -ase（酵素）
- ⊕ 英語の発音に従って「カイネース」とも表記される。

138 ★ synthase
[sínθeis] シンθェイS
❶発音注意

シンターゼ、合成酵素
- ⊕ synthesis（合成）▶ synthetic（合成の）

139 ★ ligase
[láigeis] ライゲイS
❶発音注意

リガーゼ、連結酵素
- ⊕ 英語の発音に従って「ライゲース」とも表記される。
- ⊕ lig-は「結び付ける」の意味のラテン語ligareに由来。

140 ★ ATPase
[éitì:pí:eis] エイティーピーエイS
❶発音注意

ATPアーゼ、ATP分解酵素、アデノシン三リン酸分解酵素
- = adenosine triphosphatase
- ⊕ ATP（アデノシン三リン酸）+ -ase（酵素）

141 ★ amylase
[æməlèis] アマレイS
❶発音注意

アミラーゼ
- ⊕ amyl-（デンプン）+ -ase（酵素）
- ⊕ ジアスターゼとも称される、膵液や唾液に含まれる消化酵素。

142 ★ luciferase
[lu:sífərèis] ルーシファレイS
❶発音注意

ルシフェラーゼ、発光酵素
- ⊕ lucifer（明けの明星、黄リンマッチ）+ -ase（酵素）
- ⊕ luciferin（ルシフェリン、発光素）

143 ★ protease
[próutièis] PロウティエイS
❶発音注意

プロテアーゼ、タンパク質分解酵素
- ≒ proteinase（プロテイナーゼ）
- ⊕ prote-（タンパク質）+ -ase（酵素）
- ⊕ ペプチド結合（-CO-NH-）の加水分解を触媒する。

144 ★ phosphatase
[fásfətèis] ファSファテイS
❶発音注意

ホスファターゼ、脱リン酸化酵素、リン酸モノエステル加水分解酵素
- ⊕ phosphate（リン酸塩）+ -ase（酵素）

Glossary 137-144
Metabolism and Enzymes

酵素の名前がしばらく続くけど、投げ出さずに覚えよう。「正しい音」でね！

☐ 137 **kinase**【キナーゼ】
リン酸化 (phosphorylation) [093] を触媒する酵素です。リン酸転移反応による化合物は、高エネルギーリン酸化合物になる傾向があります。そのため、基質分子に「エネルギーを与える」すなわち「活性化」の意味でキナーゼと呼ばれます。

☐ 138 **synthase**【シンターゼ】
文字通りの意味は「ある化合物を合成する酵素」です。代謝においては、ATP 加水分解を必要としないリアーゼと、必要とするリガーゼに属する一部の酵素を指します。

☐ 139 **ligase**【リガーゼ】
「生体内のエネルギー通貨」であるアデノシン三リン酸 (adenosine triphosphate [ATP]) などの高エネルギー化合物の加水分解に共役して、2つの分子の結合を触媒する酵素です。

☐ 140 **ATPase**【ATP アーゼ】
アデノシン三リン酸 (adenosine triphosphate [ATP]) の末端高エネルギーリン酸結合を加水分解する酵素です。

☐ 141 **amylase**【アミラーゼ】
α-グルコシド結合を加水分解する、デンプン分解酵素の総称です。デンプン中のアミロースやアミロペクチンを、マルトースおよびオリゴ糖に変換します。

☐ 142 **luciferase**【ルシフェラーゼ】
発光バクテリアやホタルなどの生物発光において、生物が持つ発光物質であるルシフェリン (luciferin) を酸化し、発光反応を触媒する酵素です。

☐ 143 **protease**【プロテアーゼ】
タンパク質のペプチド結合を加水分解するプロテイナーゼと、ペプチド鎖の末端から順次アミノ酸を加水分解するペプチダーゼとがありますが、多くの場合、プロテイナーゼの意味で使われています。

☐ 144 **phosphatase**【ホスファターゼ】
ホスホリラーゼ (phosphorylase) やキナーゼ (kinase) によって行われるリン酸化 (phosphorylation) の逆の作用 (脱リン酸化) を行う酵素です。

Unit 4

☐ Day 10

Listen 》CD-19

145 ★ restriction enzyme
❶発音注意
[rɪstrɪ́kʃən énzaim]
リSTリKシャン / エンザイM

制限酵素、制限エンドヌクレアーゼ
- restriction（制限）
- enzyme（酵素）

146 ★ DNA polymerase
❶発音注意
[díːèneí pálɪmərèis]
ディーエネイ / パリマレイS

DNAポリメラーゼ、DNA複製酵素
- DNA（デオキシリボ核酸）
- polymerase（ポリメラーゼ、重合酵素）

147 ★ exonuclease
❶発音注意
[èksounjúːkliːeis]
エクソウニューKリエイS

エキソヌクレアーゼ、ポリヌクレオチド末端加水分解酵素
- exo-（外側、外部）+ nuclease（ヌクレアーゼ、核酸分解酵素）

148 ★ endonuclease
❶発音注意
[èndounjúːkliːeis]
エンドウニューKリエイS

エンドヌクレアーゼ
- endo-（内側、内部）+ nuclease（ヌクレアーゼ、核酸分解酵素）

149 ★ reverse transcriptase
[rɪvə́ːrs trænskrípteis]
リヴァーS / TランSKリPテイS

逆転写酵素
- reverse（逆の） + transcriptase（転写酵素）
- 1本鎖RNA を鋳型として DNA を合成（逆転写）する酵素。

150 ★ synthesis
[sínθəsis]
シンθァシS

合成
- syntheses
- synthesize（[〜を] 合成する）
- synthetic（合成の）

151 proteolysis
❶発音注意
[pròutiálɪsis]
PロウティアラシS

タンパク質分解
- = protein degradation
- proteolytic（タンパク質分解 [性]）
- proteo-（タンパク質）+ -lysis（分解）

152 deamination
[diːæminéiʃən]
ディーアミネイシャン

脱アミノ化、脱アミノ反応
- deaminate（〜を脱アミノ化する、〜からアミノ基を除く）

Metabolism and Enzymes

☐ 145 restriction enzyme 【制限酵素】
2本鎖DNAの特定の塩基配列を認識し、これを切断する働きを持つ酵素のことです。遺伝子組換えにおける、組換えDNA技術 (recombinant DNA technology) に必須です。I～IIIの3種類があり、II型制限酵素が遺伝子組換え用です。

☐ 146 DNA polymerase 【DNAポリメラーゼ】
1本鎖のDNAやRNAの核酸を鋳型 (template) として、それに相補的な塩基配列を持つDNA鎖を合成する酵素です。

☐ 147 exonuclease 【エキソヌクレアーゼ】
核酸配列の外側つまり核酸の5′端または3′端から、核酸を削るように加水分解する酵素です。DNAポリメラーゼにもエキソヌクレアーゼ活性がありますが、それは複製中のミスを校正 (proofreading) [285] するためと考えられています。

☐ 148 endonuclease 【エンドヌクレアーゼ】
核酸配列の「内部」で、すなわち核酸鎖の両端ではなく内部のリン酸ジエステル結合を加水分解することで核酸を切断する酵素です。制限酵素 (restriction enzyme) [145] は代表的なエンドヌクレアーゼです。

☐ 149 reverse transcriptase 【逆転写酵素】
セントラルドグマ (central dogma) [164] では、DNAは複製により合成され、遺伝情報はDNAからRNAへの転写により一方向に伝わるとされてきましたが、この酵素の発見で、その逆の伝達が起こり得ることが判明しました。

☐ 150 synthesis 【合成】
科学技術分野では一般に、化合物を作ることを指します。synthesis of protein (タンパク質の合成) のように使われるほか、photosynthesis (光合成) や biosynthesis (生合成) などのように、単語の一部としてもよく使われます。

☐ 151 proteolysis 【タンパク質分解】
プロテアーゼ (protease) [143] によって行われるタンパク質の分解を指す語です。

☐ 152 deamination 【脱アミノ化】
分子からアミノ基が離脱する化学反応のことです。

Unit 4

☐ Day 10

Listen)) CD-20

☐ 153 ★ activate
[ǽktəvèit]
ア**K**タヴェイ**T**

動 ～を活性化する
- ⇔ deactivate (～を不活性化する)
- **名** activation (活性化)
- ➕ **名** activator (活性化因子、活性化剤)

☐ 154 ★ inhibit
[inhíbit]
イン**ヒ**ビ**T**

動 ～を阻害する、抑制する
- **名** inhibition (阻害、抑制)
- **形** inhibitory (阻害性のある)
- ➕ **名** inhibitor (阻害薬、抑制遺伝子)

☐ 155 velocity
[vəlάsəti]
ヴァ**ラ**サティ

名 速度
- ≒ speed
- **例** initial velocity (初速)、a rate of decrease in velocity (速度の減少率)

☐ 156 concentration
[kὰnsəntréiʃən]
カンサン**T**レイシャン

名 濃度
- **例** optimal concentration (最適濃度)
- **動** concentrate (～を濃縮する)

☐ 157 ★ denature
[di:néitʃər]
ディー**ネ**イチャー

動 ～を変性させる
- = degenerate
- **名** denaturation (変性)

☐ 158 localization
[lòukəlizéiʃən]
ロウカリ**ゼ**イシャン

名 局在(性)、局在化
- **動** localize (～を局在化させる)
- ➕ localization of ～ (～の局在化) の形でよく使う。

☐ 159 ★ hydrophilic
[hàidrəfílik]
ハイ**D**ラ**フィ**リ**K**

形 親水性の
- = hydrophile ⇔ hydrophobic
- **名** hydrophilicity (親水性)
- ➕ hydro- (水) + -philic (好きな、親和性のある)

☐ 160 ★ hydrophobic
[hàidrəfóubik]
ハイ**D**ラ**フォ**ウビ**K**

形 疎水性の
- ⇔ hydrophilic **名** hydrophobicity (疎水性)
- **例** hydrophobic interaction (疎水性相互作用)
- ➕ hydro- (水) + -phobic (嫌いな、親和性の欠けた)

Glossary 153-160
Metabolism and Enzymes

最初の章の学習はどうだった？ Chapter 2 では遺伝や DNA の世界が待っているよ。

☐ 153 **activate** 【～を活性化する】
化学反応や酵素の働きを活発化することを表す動詞で、例えば次のように用います。
例 The test must be performed in a hot and humid environment so as to activate the enzyme. (その試験は、酵素の活性を高めるために高温多湿の環境で行うべきだ)

☐ 154 **inhibit** 【～を阻害する】
化学反応や酵素の働きを妨げることを表す動詞で、例えば次のように用います。
例 a colorless basic antibiotic that inhibits the growth of Gram-positive bacteria (グラム陽性菌の成長を阻害する、無色の基本抗生物質)

☐ 155 **velocity** 【速度】
活動や動きの素早さのことです。物理学では「方向性を持った速度」として、speed とは区別して用います。

☐ 156 **concentration** 【濃度】
溶液などに含まれる、ある成分の量の割合のことで、例えば次のように用います。
例 the concentration of a solution as determined by titration (滴定によって得られた溶液の濃度)、a gradient in concentration of a solute (溶質の濃度勾配)

☐ 157 **denature** 【～を変性させる】
性質を変えることを表す動詞ですが、生物学や化学では、酸、アルカリ、熱、紫外線などによって天然タンパク質の本来の性質を(アミノ酸配列は変えずに)失わせる、あるいは減弱させることをしばしば指します。

☐ 158 **localization** 【局在】
限られた場所に存在することで、例えば次のように用います。
例 localization of function on either the right or left sides of the brain (脳の右または左側の機能の局在化)

☐ 159 **hydrophilic** 【親水性の】
水と親和性が高い性質、すなわち水に溶けたり水を吸収したりしやすい性質のことです。

☐ 160 **hydrophobic** 【疎水性の】
水と親和性が低い性質、すなわち水に溶けにくい、水をはじくといった性質のことです。油と親和性があるため、親油性とも言います。なお、「親油性と親水性の両方を持つ、両親媒性の」は amphiphilic で表します。

Review Quiz 1

[001-160]

日本語の文の色文字部分を英語にして（　　）に補い、英文を完成させましょう。

---

❶ ペスト菌は細菌の一種で、中世のヨーロッパで黒死病を引き起こした。

Yersinia pestis is a type of (　　　　　), which caused the Black Plague in medieval Europe.

❷ その患者の超音波検査図で、長年の喫煙により損傷した肺組織が明らかになった。

The sonogram of the patient revealed lung (　　　　　) that had been damaged by years of smoking.

❸ 爬虫類の胚は卵の中で発生するが、哺乳類のそれは雌の体内で発生する。

Reptile (　　　　　) develop inside eggs, whereas those of mammals develop inside the female body.

❹ 生物の体内で生命維持に必要なエネルギーを作る化学プロセスは、代謝と呼ばれる。

The chemical process which creates energy necessary to maintain life in an organism is called (　　　　　).

❺ ヘビの毒液は腺で作られた後、ほかの動物の皮膚を貫くことのできる毒牙から分泌される。

Snake venom is produced in glands, and then (　　　　　) from fangs which can puncture the skin of other animals.

❻ DNA は自身の情報を RNA 上にコードし、それは新しい生命の基本要素であるタンパク質に順次伝えられる。

DNA (　　　　　) its information onto RNA, which can in turn be transmitted into proteins, the building blocks of new life.

❼ リン酸化はタンパク質に、場合によっては特定の物質への反応を活性化したり不活性化したりといった、重大な影響を及ぼし得る。

(　　　　　) may have a significant impact on a protein, in some instances activating or deactivating its reaction to certain substances.

❽ セルロースは細胞壁の主成分で、周囲の環境に対する丈夫な防護遮蔽体となる。

(　　　　　) is a major component of (　　　　　) (　　　　　), providing a tough, protective shield against their environments.

❾ 酵素は化学プロセスの速度を、生命の創造が可能になるくらいまで上げる。

(　　　　　) speed up chemical processes to a pace that enables the creation of life.

❿ 疎水性表面において、水は浸透できず独特の幾何学的形態を成し得る。

Unable to penetrate, water on (　　　　　) surfaces can form geometrically distinct shapes.

Review Quiz 1　解答と解説
[001-160]

❶ bacteria [009]
▶ bacteria は bacterium の複数形。ただし口語では単数扱いにすることもある。

❷ tissue [011]
▶ 「検査名など＋ revealed ＋検査所見」は医療関連の文章に頻出の表現で、しばしば「〜を認めた」などとも訳される。

❸ embryos [019]
▶ 文中の reptile は「爬虫類の」、mammal は「哺乳類の動物」を意味する。ここではそれぞれの胚について一般的に述べているので、embryos と複数形で表す。

❹ metabolism [029]
▶ chemical process は「化学プロセス、化学的工程」。maintain は「〜を維持する、持続する」という意味。

❺ secreted [077]
▶ venom はヘビや昆虫などの「毒液」のことで、gland は体液などを分泌する「腺」を指す。fang は「(毒)牙」。この文では受動態が使われていることに注意。

❻ encodes [078]
▶ 普遍的な事実を表す文なので、encodes と現在形を使う。なお、building block は「基礎的要素、構成要素」という意味。

❼ Phosphorylation [093]
▶ activate [153] は「〜を活性化する」、deactivate は「〜を不活性化する」をそれぞれ表す。substance は「物質」の意。

❽ Cellulose [118]、cell walls [043]
▶ provide は「〜を供給する、もたらす」だが、ここでは「〜を成す、〜となる」くらいの意味。shield は「盾、保護物」を表す。

❾ Enzymes [129]
▶ 酵素全般についての文なので、enzymes と複数形にする。直後の動詞が現在形で -s が付いていないこともヒントになる。

❿ hydrophobic [160]
▶ hydrophobic（疎水性の）と hydrophilic（親水性の）[159] は対にして覚えよう。penetrate は「貫通する、浸透する」。geometrically は「幾何学的に」、distinct は「独特な」。

Chapter 2
遺伝とDNA
Genetics and DNA

Unit 1 遺伝子の働き
▶ [161-192]

Unit 2 DNA と RNA
▶ [193-224]

Unit 3 DNA 複製
▶ [225-256]

Unit 4 修復・転写・翻訳
▶ [257-304]

Introduction

このチャプターでは、生命科学の核となるセントラルドグマ (central dogma) に関連した用語を取り上げます。後に出てくるさまざまなバイオテクノロジーを理解するためにも、まずはこの原理を押さえましょう。インターネットでは、セントラルドグマの理解に役立つさまざまな動画＊が公開されていますので、学習の合間にそれらを見て、流れを整理するのもよいでしょう。

Unit 1 では、遺伝の仕組みについての基本用語を紹介しています。後続のユニットにも密接に関連した語句ばかりなので、確実に覚えましょう。

Unit 2 では、DNA や RNA に関する基本用語を集めています。遺伝子組換えにおいて頻繁に使用される語彙を、ここでしっかりマスターしましょう。

Unit 3 では、組換え技術の出発点と言える DNA の複製に関する表現を、また Unit 4 では、そのプロセスの中核を成す修復・転写・翻訳に関する表現を学びます。

ここで扱う用語には、今やカタカナで日本語になっているものも多いので、必ず「正しい英語の音で」覚えるようにしましょう。

＊ http://genome.gsc.riken.jp/osc/cg/ など。

Chapter 1

Chapter 2

Chapter 3

Chapter 4

Unit 1 遺伝子の働き
Gene Function

□ Day 11

Listen)) CD-21

□ 161 ★　❶発音注意
genome
[dʒíːnoum]
ジーノウM

名 ゲノム
例 genome database（ゲノムデータベース）、genome-wide linkage analysis（全ゲノム連鎖解析）
形 genomic（ゲノムの）

□ 162
coding region
[kóudiŋ ríːdʒən]
コウディンG / リージャン

名 コード領域、翻訳領域
⇔ noncoding region（非コード領域）
➕ 名 coding（コーディング、暗号付け）
➕ 名 region（領域、部分）

□ 163
gene
[dʒíːn]
ジーン

名 遺伝子
例 gene family（遺伝子ファミリー）
形 genetic（遺伝的な）
副 genetically（遺伝的に）

□ 164 ★
central dogma
[séntrəl dɔ́ːgmə]
センTラL / ドーGマ

名 セントラルドグマ
➕ 形 central（中心の）　➕ 名 dogma（教義、定説）
➕ イギリスの分子生物学者フランシス・クリック（1916-2004）が1958年に提唱した概念。

□ 165 ★
inherited
[inhéritid]
インヘリティD

形 遺伝(性)の、遺伝した
例 inherited disease（遺伝病）、inherited characteristic（遺伝形質）　動 inherit（〜を遺伝で受け継ぐ）
名 inheritance（遺伝）= heredity

□ 166
segregate
[ségrigèit]
セGリゲイT

動 (対立遺伝子・形質が) 分離する、隔離する　名 分離した対立遺伝子　形 分離の
名 segregation（分離、隔離）

□ 167 ★　❶発音注意
homozygote
[hòuməzáigout]
ホウマザイゴウT

名 ホモ接合体、同型接合体
⇔ heterozygote　形 homozygous（ホモ接合性の）
➕ homo-（同一の）+ zygote（接合体、接合子［配偶子の接合により生じた細胞］）

□ 168 ★　❶発音注意
heterozygote
[hètərəzáigout]
ヘタラザイゴウT

名 ヘテロ接合体、異型接合体
⇔ homozygote　形 heterozygous（ヘテロ接合性の）
➕ hetero-（異なった）+ zygote（接合体、接合子［配偶子の接合により生じた細胞］）

Gene Function

Glossary 161-168

□ 161　**genome**【ゲノム】
ある生物が持つ全ての遺伝情報のことで、染色体一式の持つ全遺伝子のことです。

□ 162　**coding region**【コード領域】
ゲノム中で、タンパク質のアミノ酸配列がコード（翻訳）される領域のことです。

□ 163　**gene**【遺伝子】
生物の遺伝形質を規定する因子であり、全ての生物でDNAを媒体として、その塩基配列にコード（翻訳）されています。

□ 164　**central dogma**【セントラルドグマ】
遺伝情報が「DNA →（複製）→ DNA →（転写）→ RNA →（翻訳）→タンパク質」の順に、一方向にのみ伝達されると主張する分子生物学の原理です。

□ 165　**inherited**【遺伝の】
ある形質その他が、遺伝によって継承されたものであることを指す語です。

□ 166　**segregate**【分離する】
雑種第2代において、優性形質と劣性形質が一定の割合で出現することです。
例 These experiments show clearly that genes segregate.（これらの実験は、遺伝子が分離するのを明確に示している）

□ 167　**homozygote**【ホモ接合体】
2倍体生物のある遺伝子座（染色体やゲノムにおける遺伝子の位置）がAA、aaのように同じ対立遺伝子（allele）[239]から成っている接合体です。

□ 168　**heterozygote**【ヘテロ接合体】
ある遺伝子座がAaのように異なった対立遺伝子（allele）を持つ接合体です。

Unit 1

☐ Day 11

Listen))) CD-22

☐ 169 ★ ❶発音注意
genotype
[dʒénətàip]
ジェナタイP

▶ 名 **遺伝子型**、ジェノタイプ
形 genotypic、genotypical（遺伝子型の）

☐ 170 ★ ❶発音注意
phenotype
[fí:nətàip]
フィーナタイP

▶ 名 **表現型**、形質
形 phenotypic、phenotypical（表現型の）

☐ 171 ❶発音注意
polymorphism
[pàlimɔ́:rfizm]
パリモーフィZM

▶ 名 **多型(性)**
形 polymorphic（多形性の、多型性の）
➕ poly-（多数）＋ -morphism（特定の形態を持つこと）

☐ 172 ★
hybrid
[háibrid]
ハイBリD

▶ 名 **雑種**、混成(物)、ハイブリッド
形 **雑種の**、混成の、ハイブリッドの
例 interspecific hybrid（種間雑種）、hybrid of A and B（AとBの混成）

☐ 173
consensus sequence
[kənsénsəs sí:kwəns]
カンセンサS / シーKワンS

▶ 名 **コンセンサス配列**、共通配列
➕ consensus（一致、調和）
➕ 名 sequence（配列、連続物）

☐ 174 ❶発音注意
competent
[kámpətənt]
カMパタンT

▶ 形 **反応能を持つ**、形質転換受容性のある、コンピテントな
例 competent cell（コンピテント細胞）
名 competence（反応能、適格性）

☐ 175 ★ ❶発音注意
express
[iksprés]
イKSPレS

▶ 動 **〜を発現する**
名 expression（発現）
➕ 動 overexpress（〜を過剰発現する）

☐ 176 ★
gene expression
[dʒí:n ikspréʃən]
ジーン / イKSPレシャン

▶ 名 **遺伝子発現**
➕ 名 gene（遺伝子）
➕ 名 expression（発現）

Gene Function

Glossary 169-176

遺伝関連語には難しいものもあるけど、CDをうまく活用して、目と耳の両方からインプット！

□ 169 **genotype**【遺伝子型】
生物の持つ遺伝子の構造そのものを指す語です。

□ 170 **phenotype**【表現型】
生物の持つ遺伝子の支配により表現された形質のことです。遺伝子型に加え、環境の影響も受けます。

□ 171 **polymorphism**【多型】
この単語は、「遺伝子多型性（集団中に異なる対立遺伝子が存在すること）」や「多形性（同一種の生物が多様な形をとること）」、「同質異像（同じ物質が異なった結晶構造を持つこと）」など、さまざまな意味で使われます。

□ 172 **hybrid**【雑種】
交雑によって生じた子孫を指す語です。転じて、物質や機械、あるいは言語の混成などについても使われます。

□ 173 **consensus sequence**【コンセンサス配列】
異なる種などのDNAを比較した際に、ほぼ同様の配列と、同じ機能を持つ領域のことです。

□ 174 **competent**【反応能を持つ】
ある時期の胚葉細胞が、刺激に応答して発生を進められる状態にあることを表します。コンピテント細胞（competent cell）とは、細胞外のDNA（プラスミドやファージDNAなど）を、細胞膜を通して内部に取り込める状態の細胞です。

□ 175 **express**【〜を発現する】
遺伝子において、まずメッセンジャーRNA（messenger RNA）[218] に、後にタンパク質（protein）に翻訳される情報の変換を指して使われる動詞です。encode [078] とほぼ同じことを表します。

□ 176 **gene expression**【遺伝子発現】
遺伝子によって規定される形質が表現型に現れることです。

Listen 》CD-23

177 ★ chromosome
[króuməsòum]
ク**ロ**ウマソウM

名 染色体、クロモソーム
形 chromosomal (染色体の)
+ chromo- (色、色素) + -some (体)
+ 名 chromatin (染色質、クロマチン) [054]

178 ★ heterochromatin
[hètərəkróumətin]
ヘタラク**ロ**ウマティン

名 異質染色質、ヘテロクロマチン
+ hetero- (異なった) + 名 chromatin (染色質、クロマチン)

179 ★ euchromatin
[ju:króumətin]
ユーク**ロ**ウマティン

名 真正染色質、ユークロマチン
+ eu- (真正の) + 名 chromatin (染色質、クロマチン)

180 ★ nucleosome ❶発音注意
[njú:kliəsòum]
ニューKリアソウム

名 ヌクレオソーム
形 nucleosomal (ヌクレオソームの)
+ nucleo- (核) + -some (体)

181 ★ histone
[hístoun]
ヒSトウン

名 ヒストン
+ 染色質を構成するタンパク質の一群。

182 telomere ❶発音注意
[téləmìər]
テラミアー

名 テロメア、末端小粒
形 telomeric (テロメアの)

183 ★ mitosis ❶発音注意
[maitóusis]
マイ**トウ**シS

名 有糸分裂、細胞分裂
複 mitoses [maitóusi:z] 形 mitotic (有糸分裂の)
+ meiosis (減数分裂) と somatic mitosis (体細胞分裂) がある。

184 ★ meiosis ❶発音注意
[maióusis]
マイ**オウ**シS

名 減数分裂
複 meioses [maióusi:z]
形 meiotic (減数分裂の) ▶ 例 meiotic recombination (減数分裂期組換え)

Gene Function

☐ 177 chromosome 【染色体】
基本構成要素は DNA とヒストンです。1本の染色体は1本の DNA を含み、DNA は非常に長い分子で、折り畳まれて核内に収納されています。

☐ 178 heterochromatin 【異質染色質】
染色体 (chromosome) において異常凝縮を起こす部分に含まれている染色質 (chromatin) のことです。その他の部分は真正染色質 (euchromatin) [179] と言います。

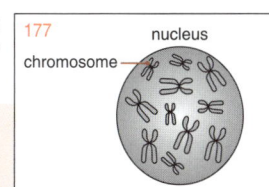

☐ 179 euchromatin 【真正染色質】
遺伝子がより多く含まれている染色質 (chromatin) の構造・種類のことで、転写 (transcription) [186] は主にこの部分で行われます。異質染色質 (heterochromatin) の方は転写されません。

☐ 180 nucleosome 【ヌクレオソーム】
1個のヒストン集合体粒子に DNA が巻かれた、直径10nm 程度の構造単位のことです。すなわち、ヒストンと DNA によって構成される物質で、電子顕微鏡では「DNA 鎖が絡まるビーズ」のように観察されます。

☐ 181 histone 【ヒストン】
DNA に結合するタンパク質の大部分を占め、長い分子である DNA を核内に収納する役割を担います。ヒストンと DNA の分子量比は、ほぼ1:1です。

☐ 182 telomere 【テロメア】
染色体 (chromosome) の末端部分に存在する、DNA 末端を保護・維持するのに必要な構造です。細胞分裂の回数を制御します。

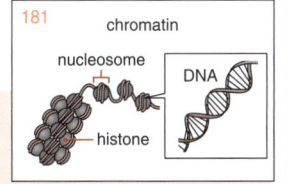

☐ 183 mitosis 【有糸分裂】
真核生物の細胞分裂 (cell division) [025] の様式の1つです。細胞分裂時に染色質 (chromatin) が染色体 (chromosome) を形成し、これが紡錘体により分配されます。

☐ 184 meiosis 【減数分裂】
真核生物の細胞分裂の様式の1つで、DNA 量が分裂前の細胞の半分になる分裂のことです。

Listen)) CD-24

185 ★ replication
[rèpləkéiʃən]
レプラケイシャン

名 複製
= duplication
例 DNA replication (DNA複製)
動 形 replicate (〜を複製する、複製された)

186 ★ transcription
[trænskrípʃən]
TランSKリプシャン

名 転写、mRNA転写、RNA合成
形 transcriptional (転写性の)
動 transcribe (〜を転写する)
＋ 名 transcript (転写物、トランスクリプト)

187 ★ editing
[éditiŋ]
エディティンG

名 編集、エディティング
例 RNA editing (RNA編集、RNAエディティング)
動 edit (〜を編集する)

188 translation
[trænsléiʃən]
TランSレイシャン

名 翻訳、タンパク質合成
= protein synthesis
形 translational (翻訳の)

189 template ❶発音注意
[témplət]
テMPらT

名 鋳型、テンプレート
＋ 核酸やタンパク質などが新たに合成されるときに、その原型として働く分子構造。

190 ★ transformation
[trænsfərméiʃən]
TランSフォーメイシャン

名 形質転換、形質変換、トランスフォーメーション
動 transform (〜に形質転換を起こさせる、[細胞] を癌化させる)
＋ 名 transformant (形質転換体、形質転換細胞)

191 ★ transfection
[trænsfékʃən]
TランSフェKシャン

名 形質移入、トランスフェクション
動 transfect (〜を形質移入する)

192 transduction
[trænsdʌ́kʃən]
TランSダKシャン

名 形質導入、トランスダクション
例 transduction pathway (トランスダクション経路、伝達経路)

Glossary 185-192
Gene Function

ここには遺伝に関する基本用語が多数登場しているね。概念を整理することが重要だ。

☐ 185 **replication** 【複製】

細胞分裂に先立って2本鎖DNAが複製され、倍化する過程のことです。2本鎖DNAはその2重らせん構造をほどき、それぞれの鎖を鋳型として相補的な新たな鎖が作られ、それらが対を成して再び2重らせんになります。

☐ 186 **transcription** 【転写】

遺伝情報を伝えるために、核酸を鋳型にして、転写産物 (transcript) としてのRNAが合成されることです。遺伝子が機能するための過程の1つです。

☐ 187 **editing** 【編集】

転写されたメッセンジャーRNA (messenger RNA [mRNA]) [218] において、特定の塩基がほかの塩基へと変換されたり、ウリジン (U) などの塩基の挿入・欠失が起こったりすることです。

☐ 188 **translation** 【翻訳】

メッセンジャーRNA (messenger RNA [mRNA]) [218] の塩基配列をアミノ酸の並びに変換し、タンパク質を合成する反応のことです。

☐ 189 **template** 【鋳型】

この単語は、さまざまな分野で使われています。例えば、プラスチックの成形加工用の「型」や、コンピューターで文書などのデータを作成する際の「雛型」の意味がよく知られています。

☐ 190 **transformation** 【形質転換】

細胞（主に細菌・酵母や植物細胞）に外部からDNAを導入し、その遺伝的性質を変えることです。ただし、正常な動物細胞が無制限に分裂を行うようになる癌化の意味も含みます。

☐ 191 **transfection** 【形質移入】

核酸を動物細胞内へ導入することです。ファージ (phage) やウイルス (virus) を用いた遺伝子導入は形質導入 (transduction) [192] と呼ばれます。

☐ 192 **transduction** 【形質導入】

ファージ (phage) が細菌内で増殖する際、宿主となる細菌の遺伝子を偶然取り込み、次に感染させる細菌内にそれを持ち込んで、遺伝情報が発現することです。

Unit 2 — DNA と RNA / DNA and RNA

□ Day 13

Listen)) CD-25

193 ★ nucleic acid
❶発音注意
[njuːklíːik æsid]
ニューKリーイK / アシD

名 核酸
- ❶ 形 nucleic (核の)　❶ 名 acid (酸)
- ❶ 塩基と糖、リン酸から成るヌクレオチドがリン酸エステル結合で連なった、鎖状の高分子化合物。

194 ★ deoxyribonucleic acid [DNA]
❶発音注意
[diːὰksirὰibounjuːklíːik æsid]
ディーアKシライボウニューKリーイK / アシD

名 デオキシリボ核酸
- ❶ デオキシリボース (五炭糖) とリン酸、塩基から構成される核酸。塩基はアデニン (A)、チミン (T)、グアニン (G)、シトシン (C) の4種類。

195 ★ deoxyribose
❶発音注意
[diːɑksiráibous]
ディーアKシライボウS

名 デオキシリボース
- ❶ deoxy- (脱酸素の) + 名 ribose (リボース)
- ❶ リボースの2′位の水酸基が水素に置換されたDNAの構成成分。

196 ★ phosphoric acid
❶発音注意
[fɑsfɔ́ːrik æsid]
ファSフォーリK / アシD

名 リン酸
- ❶ 形 phosphoric (リンの)
- ❶ 名 acid (酸)
- ❶ 化 H_3PO_4

197 ★ base pair [bp]
[béis péər]
ベイS / ペアー

名 塩基対
- ❶ 名 base (塩基)　❶ 名 pair (1対、1組)
- ❶ アデニン (A) とチミン (T) (もしくはウラシル [U])、グアニン (G) とシトシン (C) という対。

198 ★ DNA sequence
[díːènéi síːkwəns]
ディーエネイ / シーKワンS

名 DNA (塩基) 配列
- ❶ 名 DNA (デオキシリボ核酸)
- ❶ 名 sequence (配列)

199 ★ nucleotide
❶発音注意
[njúːkliətàid]
ニューKリアタイD

名 ヌクレオチド
- ❶ polynucleotide (ポリヌクレオチド) とは、ヌクレオチドの重合体。

200 ★ phosphate
[fásfeit]
ファSフェイT

名 リン酸塩、リン酸エステル、ホスフェート
- ❶ phosph- (リン、リンを含む) + -ate (〜酸塩、エステル)

DNA and RNA

Glossary 193-200

□ 193 nucleic acid【核酸】
糖の違い（2′位が水素か水酸基か）によって、2-デオキシリボースを持つデオキシリボ核酸（DNA）と、リボースを持つリボ核酸（RNA）に分けられます。

□ 194 deoxyribonucleic acid【デオキシリボ核酸】
DNA と RNA の違いは193で述べた通りです。RNA は 2′位が水酸基で加水分解を受けるため、DNA よりも反応性が高く、熱力学的に不安定です。

195-196

2-デオキシリボース

□ 195 deoxyribose【デオキシリボース】
核酸（nucleic acid）を構成する β-フラノース形の五炭糖のことで、それぞれの核酸塩基と N-グリコシド結合をしています。

□ 196 phosphoric acid【リン酸】
デオキシリボース（deoxyribose）と 3′と 5′の位置でホスホジエステル結合をして、ポリヌクレオチド（polynucleotide）を形成する無機酸です。

リン酸

□ 197 base pair【塩基対】
DNA の 2 本のポリヌクレオチド（polynucleotide）分子が、水素結合によって対合したもののことです。

□ 198 DNA sequence【DNA 配列】
DNA を構成しているヌクレオチド（nucleotide）[199]の結合順を、その有機塩基類の種類に注目して記述したものです。

199

deoxyribose

リン酸 — nucleotide

糖

塩基 — nucleoside

□ 199 nucleotide【ヌクレオチド】
ヌクレオシド（nucleoside）とは塩基と五炭糖の結合した化合物で、ヌクレオチド（nucleotide）とはヌクレオシドの糖の水酸基にリン酸が付いた化合物です。

□ 200 phosphate【リン酸塩】
一般にはリン酸（phosphoric acid）[196]の水素を金属元素で置換した塩で、無色の結晶です。リン酸塩が結合する有機化合物は、ヌクレオチド、タンパク質、糖質、脂質などさまざまです。

Unit 2

☐ Day 13

Listen)) CD-26

☐ 201 ★ alignment
❶発音注意
[əláinmənt]
アラインマンT

名 整列(化)、アラインメント
- 動 align (～を整列させる)

☐ 202 ★ double helix
❶発音注意
[dʌ́bl híːliks]
ダBL / ヒーリKS

名 2重らせん
- 複 double helices ▸❶ helices の発音は[héləsiːz]。
- 例 double helix structure (2重らせん構造)
- ❶ 形 double (2倍の、2重の) ❶ 名 helix (らせん)

☐ 203 single-stranded
[síŋgl-strǽndid]
シンGL-STランディD

形 1本鎖の
- 例 single-stranded DNA (1本鎖DNA)
- ❶ 動名 strand ([縄など]をなう、子縄、鎖)

☐ 204 ★ double-stranded
[dʌ́bl-strǽndid]
ダBL-STランディD

形 2本鎖の
- 例 double-stranded DNA (2本鎖DNA)
- ❶ 動名 strand ([縄など]をなう、子縄、鎖)

☐ 205 complementation
[kàmpləmentéiʃən]
カMPラマンテイシャン

名 相補性
- 動名 complement (～を補って完全にする、補足物)

☐ 206 complementary DNA [cDNA]
[kàmpləméntəri díːènéi]
カMPラメンタリ / ディーエネイ

名 相補性DNA
- ❶ 形 complementary (補足的な、相補的な)
- ❶ 名 DNA (デオキシリボ核酸)

☐ 207 ★ leading strand
[líːdiŋ strǽnd]
リーディンG / STランD

名 リーディング鎖
- ❶ 形 leading (先導する) ❶ 名 strand (鎖)
- ❶ DNA複製時に、連続的に相補鎖が複製される側の鎖。

☐ 208 ★ lagging strand
[lǽgiŋ strǽnd]
ラギンG / STランD

名 ラギング鎖
- ❶ 形 lagging (遅滞する) ❶ 名 strand (鎖)
- ❶ DNA複製時に、不連続に相補鎖が複製される側の鎖。

DNA and RNA

Glossary 201-208

いよいよDNAの世界に突入したね。2重らせんの構造をざっと確認しておこう。

□ 201 **alignment**【整列】
シーケンスアラインメント（sequence alignment）とは、DNA、RNA、タンパク質の1次配列や1次構造の類似した領域を特定できるように並べたものです。

□ 202 **double helix**【2重らせん】
DNAに関する多くの研究の中からジェームズ・ワトソンとフランシス・クリックが1953年にたどり着いた、最も理想的とされるDNAの構造モデルです。相補的な2本鎖の核酸を表したものです。

□ 203 **single-stranded**【1本鎖の】
DNAの2重らせんの片側が削れ、2重らせんを形成していない状態を指す語です。

□ 204 **double-stranded**【2本鎖の】
2重らせんを構築できるのは、逆平行（antiparallel）の2本鎖DNAのみです。デオキシリボース（deoxyribose）[195]の5´側（リン酸エステル側）の配列を上流、3´側の配列を下流としています。

□ 205 **complementation**【相補性】
塩基の相補性とは、DNAのA、T、G、Cの4種の塩基のうち、1種を決めればそれと水素結合するもう1種も決まる性質のことです。

□ 206 **complementary DNA**【相補性DNA】
メッセンジャーRNA（mRNA）と相補的な塩基配列を持つ1本鎖DNAのことです。mRNAなどを鋳型として、逆転写酵素を用いて合成されます。

□ 207 **leading strand**【リーディング鎖】
2本鎖DNAの複製時に、フォークと呼ばれる部分（右図参照）で、フォークの進行方向に沿って5´から3´方向に伸長される鎖のことです。

□ 208 **lagging strand**【ラギング鎖】
2本鎖DNAの複製時に、フォーク部分で、フォークの進行方向（2本鎖DNAが解かれる方向）とは逆向きに5´から3´方向に伸長される鎖のことです。

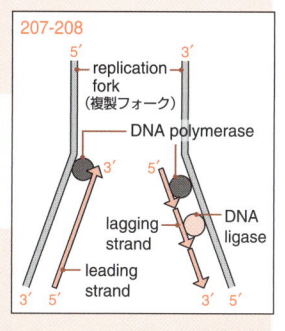

Unit 2

☐ Day 14

Listen 》CD-27

☐ 209 ★ adenine [A] ❶発音注意
[ǽdənin]
アダニン

アデニン
- 核酸を構成する5種類の主な塩基のうちの1つで、チミンと対を成す。プリン塩基（右ページ参照）。

☐ 210 ★ thymine [T] ❶発音注意
[θáimi:n]
θ**ア**イミーン

チミン
- DNAを構成する4種類の塩基の1つで、アデニンと対を成す。ピリミジン塩基（右ページ参照。ベンゼンの1´位、3´位の炭素が窒素で置換されたもの）。

☐ 211 ★ guanine [G]
[gwá:ni:n]
G**ワ**ーニーン

グアニン
- 核酸を構成する5種類の主な塩基のうちの1つで、シトシンと対を成す。プリン塩基。

☐ 212 ★ cytosine [C] ❶発音注意
[sáitəsi:n]
サイタシーン

シトシン
- 核酸を構成する5種類の主な塩基のうちの1つで、グアニンと対を成す。ピリミジン塩基。

☐ 213 ADP
[éidi:pí:]
エイディーピー

アデノシン二リン酸
= adenosine diphosphate
- アデニン、リボース、および2つのリン酸分子から成る。

☐ 214 ★ ATP
[éiti:pí:]
エイティーピー

アデノシン三リン酸
= adenosine triphosphate
- アデニン、リボース、および3つのリン酸分子から成り、生体のエネルギー保存および利用に関与する。

☐ 215 GTP
[dʒí:ti:pí:]
ジーティーピー

グアノシン三リン酸
= guanosine triphosphate
- 細胞内シグナル伝達や、タンパク質の機能調節などに用いられる。

☐ 216 cAMP ❶発音注意
[kǽmp]
キャMP

環状AMP、サイクリックAMP、環状アデノシン一リン酸
= cyclic adenosine monophosphate
- アデニン、リボース、1つのリン酸分子から成る。

Glossary 209-216
DNA and RNA

プリン・グループ

☐ 209 アデニン (A)

☐ 211 グアニン (G)

purine

ピリミジン・グループ

☐ 210 チミン (T)

☐ 212 シトシン (C)

pyrimidine

☐ 216 環状 AMP

*プリンおよびピリミジンとそのグループの塩基は、CやCHを省略しない化学構造式で示しています。

- ☐ 209 adenine
- ☐ 210 thymine (RNAでは、これに代わってウラシル [uracil] [224] が成分となる)
- ☐ 211 guanine
- ☐ 212 cytosine
- ☐ 213 ADP (高エネルギーリン酸結合を1個持つATPがADPとリン酸基に分解される際に生成。その過程でエネルギーが放出される)
- ☐ 214 ATP (多種多様な生体の活動に共通するエネルギー伝達物質であり、「生体のエネルギー通貨」と呼ばれる)
- ☐ 215 GTP
- ☐ 216 cAMP (アドレナリンやグルカゴンなどのホルモン伝達の際にセカンド・メッセンジャーとして働き、酵素の活性化と代謝の調整を行う。細胞膜を通り抜けられない)

Unit 2

☐ Day 14

Listen))) CD-28

☐ 217 ★ ❶発音注意
ribonucleic acid [RNA]
[ràibounj:klí:ik æsid]
ライボウニューKリーイK / **ア**シD

名 リボ核酸
例 small interfering RNA [siRNA]（低分子干渉RNA）
➕ 塩基はアデニン (A)、ウラシル (U)、グアニン (G)、シトシン (C)。

☐ 218 ★
messenger RNA [mRNA]
[mésəndʒər á:rènei]
メ**サ**ンジャー / **アー**レネイ

名 メッセンジャーRNA、伝令RNA
➕ 名 messenger（伝達子）　➕ 名 RNA（リボ核酸）
➕ タンパク質に翻訳され得る塩基配列情報と構造を持ったRNA。

☐ 219
ribosomal RNA [rRNA]
[ràibəsóuməl á:rènei]
ライバ**ソ**ウマL / **アー**レネイ

名 リボソームRNA
➕ 形 ribosomal（リボソームの）▶ 名 ribosome（リボソーム）　➕ 名 RNA（リボ核酸）
➕ リボソームを構成するRNA。

☐ 220
transfer RNA [tRNA]
[trænsfə:r á:rènei]
T**ラ**ンSファー / **アー**レネイ

名 転移RNA、トランスファーRNA
➕ 名 transfer（転移、移送）
➕ 名 RNA（リボ核酸）
➕ 73〜93塩基から成る小さなRNA。

☐ 221 ★
codon
[kóudɑn]
コウダン

名 コドン
⇔ anticodon（アンチコドン）[282]
例 start codon（開始コドン）、stop codon（停止コドン）
➕ mRNAの塩基配列を指して使われることが多い。

☐ 222 ★
exon
[éksɑn]
エKサン

名 エキソン
➕ DNAから転写されたmRNA前駆体が、スプライシング[237]によって短くなる際に、切り取られず残る部位のこと。

☐ 223 ★
intron
[íntrɑn]
インTラン

名 イントロン
➕ DNAから転写されたmRNA前駆体のうち、スプライシング[237]で除去される部位の呼び名。コード配列に割り込んだ非コード配列。

☐ 224 ★ ❶発音注意
uracil [U]
[júərəsil]
ユアラシL

名 ウラシル
➕ RNAを構成する4種類の塩基のうちの1つで、アデニンと対を成す。ピリミジン塩基。

Glossary 217-224
DNA and RNA

RNA には多様な役割があるようだね。セントラルドグマの中で DNA よりも忙しいかも!?

☐ 217 ribonucleic acid 【リボ核酸】
タンパク質合成に重要な役割を担い、通常は RNA と呼ばれます。RNA のヌクレオチドはリボース、リン酸、塩基から構成されています。DNA を鋳型にして RNA ポリメラーゼにより転写されます。

☐ 218 messenger RNA 【メッセンジャー RNA】
DNA からコピーした遺伝情報を担っており、その遺伝情報は、特定のアミノ酸に対応するコドン (codon) と呼ばれる3塩基配列になっています。

☐ 219 ribosomal RNA 【リボソーム RNA】
リボソーム (ribosome) [057] は、メッセンジャー RNA (mRNA) の塩基配列を基にタンパク質を合成する作用である翻訳 (translation) が行われる場です。リボソーム RNA は、生体内で最も大量に存在する RNA です。

☐ 220 transfer RNA 【転移 RNA】
リボソームのタンパク質合成部位で、mRNA 上の塩基配列すなわちコドン (codon) [221] を認識し、対応するアミノ酸を合成中のポリペプチド鎖に転移させる RNA です。コドンと相補的な塩基配列のアンチコドン (anticodon) [282] を持ちます。

☐ 221 codon 【コドン】
核酸の塩基配列がタンパク質を構成するアミノ酸配列へと生体内で翻訳される際、それぞれのアミノ酸に対応する3つの塩基配列のことです。

222-223
exon / intron / gene / exon

☐ 222 exon 【エキソン】
スプライシング (splicing) [237] で残る部位の呼び名です。

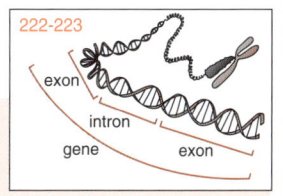

☐ 223 intron 【イントロン】
スプライシング (splicing) [237] で除去される部位です。コード配列ではないので、タンパク質の設計図にはなりません。

224
ウラシル (U)

☐ 224 uracil 【ウラシル】
RNA では、DNA のチミン (thymine) に代わってこれが成分となります。

Unit 3 DNA 複製
DNA Replication

Listen)) CD-29

□ 225
replicon
[réplikàn]
レPリカン

名 レプリコン、複製単位

□ 226 ★ ❶発音注意
homologous
[həmáləgəs]
ハマラガS

形 相同(性)の、類似の、同族の
名 homologue (相同物、共通の祖先から派生した遺伝子)
⊕ 構造や位置、性質などが同じであることを指す語。

□ 227 ★
vector
[véktər]
ヴェKター

名 ベクター、媒介物
≒ agent、mediator 形 vectorial (ベクターの)
例 expression vector (発現ベクター)
⊕ 数学用語では「ベクトル」を指す。

□ 228 ★ ❶発音注意
plasmid
[plǽzmid]
プラZミD

名 プラスミド
⊕ plasm- (細胞質、原形質) + -id (構造、体)

□ 229 ★
primer
[práimər]
Pライマー

名 プライマー、反応開始物質
動 prime (〜の用意をする) ▶ ⊕ 生物学においては「〜に好ましい性質を引き出すような処理をする」という意味。

□ 230
insert
[insə́ːrt]
インサーT

動 〜を挿入する 名 挿入(断片)、インサート
例 be inserted into a genome (ゲノムに挿入される)
名 insertion (挿入、刺入)
⊕ 名詞の場合の発音は [ínsəːrt]。

□ 231 ★
in vitro
[in víːtrou]
イン / ヴィーTロウ

副 生体外で、試験管内で 形 生体外の、インビトロの
⇔ in vivo (生体内で)
⊕ 「ガラスの中で」を意味するラテン語に由来。

□ 232 ★
in vivo
[in víːvou]
イン / ヴィーヴォウ

副 生体内で 形 生体内の、インビボの
= 副 intravitally (生体内で)、intravital (生体内の)
⇔ in vitro (生体外で)
⊕ 「生きている物の中で」を意味するラテン語に由来。

Glossary 225-232
DNA Replication

☐ 225 replicon【レプリコン】
細胞内で独自の遺伝的複製を行い得る最小単位の構造体のことで、その複製を開始するイニシエーター（initiator）と、開始点を指定するレプリケーター（replicator）の2つの因子を持ちます。

☐ 226 homologous【相同の】
生物学では、生物のある形態や機能が起源を同じくすること、特に遺伝子が共通の祖先に由来することを意味する言葉です。

☐ 227 vector【ベクター】
組換え遺伝子の増幅・維持・導入に用いられる、自己複製能力を持つDNA分子です。挿入対象や目的によって、さまざまな媒体（プラスミドやウイルス、ファージなど）が、ベクターとして使い分けられます。

☐ 228 plasmid【プラスミド】
細胞内で複製され、娘細胞に分配される染色体以外の環状2本鎖構造をとるDNA分子です。主として細菌の細胞質内に存在し、その染色体とは別個に、安定した自律複製を行います。

☐ 229 primer【プライマー】
DNAポリメラーゼ（DNA polymerase）[146]がDNA合成を開始する際に必須となる、核酸の断片のことです。

☐ 230 insert【〜を挿入する】
科学技術論文では、「装置の構成品を装置の中に挿入する」や、「組織や器官に異物を挿入する」といった文脈でよく使われます。

☐ 231 in vitro【生体外で】
生物学的変化や実験などが、試験管内など「生体外」の環境で行われることを指す語です。in vitro fertilization（試験管内受精、体外受精）のように、形容詞句としても使われます。また、*in vitro* のようにイタリック体で表記されることもあります。

☐ 232 in vivo【生体内で】
生物学的変化や実験などが、「生体内」で行われることを指す語です。in vivo iodinating mechanism（生体内のヨウ素化メカニズム）のように、形容詞句としても使われます。また、*in vivo* のようにイタリック体で表記されることもあります。

Day 15

233 ★ precursor
[prikə́ːrsər] プリ**カ**ーサー

名 前駆体、前駆物質
- 例 RNA precursor (RNA前駆体)
- ⊕ 生化学反応において、ある段階よりも前の段階にある物質のこと。

234 ★ blot
[blɑ́t] B**ラ**T

名 ブロット、吸着　**動** 〜をブロットする
- 例 Western blot analysis (ウエスタンブロット解析)
- ⊕ タンパク質などの巨大分子を吸着・固定した膜、およびそれを使った分析を指す。

235 ★ dissociation
[disòusiéiʃən] ディソウシ**エ**イシャン

名 解離
- 例 dissociation rate (解離速度)
- **動** dissociate (〜を解離する)

236 transgene
[trǽnsdʒiːn] T**ラ**nS**ジ**ーン

名 導入遺伝子、トランスジーン
- **形** transgenic (遺伝子導入の、移植遺伝子による)
- ⊕ **名** transgenesis (遺伝子導入)
- ⊕ 「ほかの個体から人工的に導入された遺伝子」のこと。

237 ★ splicing
[spláisiŋ] SP**ラ**イシンG

名 スプライシング
- **動** splice (〜をスプライスする)
- ⊕ 「細長い物をつなぐこと」を表す語。

238 ★ modification
[mɑ̀dəfikéiʃən] マダフィ**ケ**イシャン

名 修飾、修正
- ≒ alteration (変更、改変)、amendment (修正)
- **動** modify (〜を修飾する、修正する)

239 allele
[əlíːl] ア**リ**ーL
❶発音注意

名 対立遺伝子、アレル
- **形** allelic (対立遺伝子の)
- ⊕ allel ともつづる。

240 ★ library
[láibrèri] **ラ**イBレリ

名 ライブラリー
- 例 genome library (ゲノムライブラリー)
- ⊕ 生物学では、「特定の生物、細胞に保存されている DNA (特に組換え DNA)」を指す。

Glossary 233-240
DNA Replication

遺伝子組換えの技術的用語がたくさん出てきたね。ここからしばらく続くよ！

□ 233 precursor【前駆体】
さまざまな文脈で使われる語ですが、生化学では、活性型酵素などに変化する前の不活性物質、あるいは、より大きな構造に合成される前の化合物を指します。なお、「分化・成熟の前の細胞」を指すこともあります。

□ 234 blot【ブロット】
生体分子の分析法の呼び名です。ウエスタンブロット (Western blot) [449] はタンパク質の、サザンブロット (Southern blot) は DNA の、ノーザンブロット (Northern blot) は RNA の分析手法です。

□ 235 dissociation【解離】
錯体 (complex) や分子 (molecule) および塩 (salt) などの化学結合が分裂し、より小さい分子やイオンなどに分かれることです。解離反応は通常、可逆反応です。

□ 236 transgene【導入遺伝子】
遺伝子導入 (transgenesis) のうち、細菌・酵母や植物細胞への遺伝子導入は形質転換 (transformation) [190]、動物細胞への導入は形質移入 (transfection) [191]、ファージやウイルスを使う方法は形質導入 (transduction) [192] と呼ばれます。

□ 237 splicing【スプライシング】
ある直鎖状ポリマーから一部分を取り除き、必要な部分をつなぎ合わせる作業のことです。主に RNA の前駆体に存在するイントロンを切り取り、エキソン同士をつなぐことを指して使われます。

□ 238 modification【修飾】
分子などに関して、「構造に変化を起こさせる」あるいは「部分的に変化させる」ことを意味します。

□ 239 allele【対立遺伝子】
相互に区別できる遺伝子の変異体で、同一の遺伝子座（染色体やゲノムにおける遺伝子の位置）にあるものを指す語です。

□ 240 library【ライブラリー】
ゲノムライブラリー (genome library) とは、ゲノムを制限酵素 (restriction enzyme) や超音波などで分断し、プラスミドなどのベクター (vector) [227] に挿入したもののことです。

Unit 3

□ Day 16

Listen ») CD-31

□ 241 ★
cloning
[klóuniŋ]
Kロウニン G

名 **クローニング、クローン化**
- ➕ 名 動 clone (クローン、~をクローン化する)

□ 242 ★
recombination
[ri:kʌmbənéiʃən]
リーカ M バ ネイ シャン

名 **組換え**
- 例 homologous recombination (相同組換え)、recombination event (組換え事象)
- 形 recombinant (組換え型の)

□ 243
rearrangement
[ri:əréindʒmənt]
リーア レインジマン T

名 **再編成、再構成、再配列**
- 例 chromosome rearrangement (染色体再構成、染色体再配列)、gene rearrangement (遺伝子再配列)
- 動 rearrange (~を再編成する)

□ 244 ★
recombinant DNA technology
[ri:kámbənənt dí:ènéi teknálədʒi]
リーカ M バナン T / ディーエネイ / テ K ナラジ

名 **組換え DNA 技術**
- ➕ 形 recombinant (組換え型の)
- ➕ 名 DNA (デオキシリボ核酸)
- ➕ 名 technology (技術)

□ 245
gene amplification
[dʒí:n æmpləfikéiʃən]
ジーン / ア MP ラフィ ケイ シャン

名 **遺伝子増幅**
- ➕ 名 gene (遺伝子)
- ➕ 名 amplification (増幅)
- ➕ 「遺伝子の数が増えること」を指す。

□ 246 ★
gene silencing
[dʒí:n sáilənsiŋ]
ジーン / サ イランシン G

名 **遺伝子発現抑制、遺伝子サイレンシング**
- ➕ 名 gene (遺伝子)
- ➕ 名 silencing (サイレンシング) ▶ 動 silence (~を沈黙させる、抑える)

□ 247
suppressor gene
[səprésər dʒí:n]
サ P レサー / ジーン

名 **抑制遺伝子、サプレッサー遺伝子**
- ➕ 名 suppressor (抑制するもの、抑制性) ▶ 動 suppress (~を抑制する)
- ➕ 名 gene (遺伝子)

□ 248
modulation
[màdʒuléiʃən]
マジュ レイ シャン

名 **調節、変調**
- 動 modulate (~を調節する)

Glossary 241-248
DNA Replication

☐ 241 cloning 【クローニング】
クローン (clone) すなわち同じ遺伝子型を持つ生物の集団を作製することです。転じて、複製を作ること全般にも使われています。

☐ 242 recombination 【組換え】
この語は本来、生物自身が遺伝子をコードする DNA 配列をつなぎ換えることを意味しますが、人工的な遺伝子組換えに関しても使われています。

☐ 243 rearrangement 【再編成】
「再編成」や「再配置」を指して広く使われる語です。化学分野での「転位」も表します。

☐ 244 recombinant DNA technology 【組換え DNA 技術】
人工的に DNA 分子を切断・再接合し、組換え DNA を作成する技術のことです。この技術の進歩により、遺伝子の構造や機能の解析が可能になり、遺伝子治療や遺伝子工学の発展につながりました。

☐ 245 gene amplification 【遺伝子増幅】
哺乳動物の細胞内で、全ての遺伝子の数は常に一定になるように仕組まれています。その中で遺伝子の数が増えると、遺伝子の発現量が変化し、癌などの疾患の原因になることがあります。

☐ 246 gene silencing 【遺伝子発現抑制】
遺伝子発現 (gene expression) とは、遺伝により決定される形質の発現のことです。それを抑制する働きをこのように呼びます。

☐ 247 suppressor gene 【抑制遺伝子】
ほかの遺伝子の作用を抑える遺伝子のことです。特に、ほかの遺伝子に生じた変異 (mutation) [249] を抑制する遺伝子を指して使われます。

☐ 248 modulation 【調節】
「調節、変調」を広く指す語で、例えば biochemical modulation (生化学的調節)、immunomodulation (免疫調節) などのように用います。

Unit 3

□ Day 16

Listen 》CD-32

□ 249 ★
mutation
[mjuːtéiʃən]
ミュー**テ**イシャン

- 名 **(突然)変異**
- 形 mutational (変異性の、変異的な)
- 動 mutate (変異する、〜を変異させる)

□ 250 ★
mutant
[mjúːtnt]
ミュー**T**ンT

- 名 **(突然)変異体、(突然)変異株** 形 **突然変異による**
- ≒ variant (変異体、異型、変種)
- 動 mutate (変異する、〜を変異させる)

□ 251 ★
mutagenesis
[mjùːtədʒénisis]
ミュータ**ジェ**ニシS

- 名 **(突然)変異誘発(性)**
- = mutagenicity
- 動 mutagenize (〜に突然変異を起こさせる)
- 形 mutagenic (突然変異誘発性の)

□ 252 ★
point mutation
[póint mjuːtéiʃən]
ポインT / ミュー**テ**イシャン

- 名 **点(突然)変異**
- ➕ 名 point (点)
- ➕ 名 mutation ([突然]変異)

□ 253
frameshift mutation
[fréimʃift mjuːtéiʃən]
F**レ**イMシFT / ミュー**テ**イシャン

- 名 **フレームシフト(突然)変異**
- ➕ 形 frameshift (フレームシフトの) ▶ ➕「遺伝暗号の読み枠のずれを起こす」の意。
- ➕ 名 mutation ([突然]変異)

□ 254
insertion mutation
[insə́ːrʃən mjuːtéiʃən]
イン**サー**シャン / ミュー**テ**イシャン

- 名 **挿入(突然)変異**
- ➕ 名 insertion (挿入)
- ➕ 名 mutation ([突然]変異)

□ 255 ★
colony
[káləni]
カラニ

- 名 **コロニー、群体**
- ➕「個体群、集合体」などを広く指す語。

□ 256 ★
cluster
[klʌ́stər]
K**ラ**Sター

- 名 **クラスター、群れ** 動 **〜のクラスターを形成する**
- 例 a cluster of genes (遺伝子群)
- ➕「(密集した)集団、群れ、房」などを表す語。

Glossary 249-256
DNA Replication

変異についての語彙はマスターできた？ 変異は組換え技術と密接にかかわっているんだね。

☐ 249 **mutation**【変異】
ある生物の集団の中で、大多数と異なる形質を持つものが出現することです。DNAやRNAの塩基配列の変化による遺伝子突然変異（gene mutation）と、染色体の数や配列の変化による染色体突然変異（chromosome mutation）とがあります。

☐ 250 **mutant**【変異体】
突然変異が形質に現れている個体や細胞のことです。

☐ 251 **mutagenesis**【変異誘発】
突然変異を起こすような、自然あるいは人工の状態のことです。例えば、chemical mutagenesis とは「化学的突然変異誘発」のことです。

☐ 252 **point mutation**【点変異】
DNAあるいはRNAの1塩基が関与する突然変異のことです。A、T(U)、G、Cのうち1塩基が別の塩基に置き換わる、あるいは余分に挿入されたり欠失したりすることで生じます。

☐ 253 **frameshift mutation**【フレームシフト変異】
遺伝子のコドン（codon）[221] 領域内で挿入または欠失が起こることで生じる突然変異です。該当部位以降ではコドンの枠がずれ、アミノ酸配列が全て変わってしまいます。

☐ 254 **insertion mutation**【挿入変異】
フレームシフト変異の一種で、遺伝子に余分なDNAが挿入されることで生じる変異の呼び名です。

☐ 255 **colony**【コロニー】
生命科学においては通常、細菌や培養細胞などが培養基上に形成する集落、すなわち単一の細胞の繁殖によってできた集団のことを指します。培養コロニーとも言います。

☐ 256 **cluster**【クラスター】
一般には、数個から数百個（以上）の単位での集合のことです。原子や分子の集団、あるいは生物・遺伝子などの集合体に使われます。水も常温ではクラスターです。

Unit 4 修復・転写・翻訳
Repair, Transcription and Translation

☐ Day 17

Listen))) CD-33

☐ 257 ★ translocation
[trænslòukéiʃən]
TランSロウ**ケイ**シャン

名 転座、転位置、転位、トランスロケーション
動 translocate (〜を転位置させる、転座させる)

☐ 258 ★ inversion ❶発音注意
[invə́ːrʒən]
インヴァージャン

名 逆位、反転
動 invert (〜を逆さにする、反対にする)
形 inverse (逆の、反対の、転倒した)

☐ 259 double-strand break [DSB]
[dʌ́bl-strǽnd bréik]
ダBL-STランD / Bレイk

名 2本鎖切断
✚ **名** double-strand (2本鎖)
✚ **名** break (破壊、断絶)

☐ 260 irradiation ❶発音注意
[irèidiéiʃən]
イレイディ**エイ**シャン

名 照射、放射線使用
例 UV irradiation (紫外線照射)、X-irradiation (X線照射)
動 irradiate (〜を放射する、〜に放射線を照射する)

☐ 261 damage ❶発音注意
[dǽmidʒ]
ダミジ

名 損傷、ダメージ **動** 〜を損傷する、〜にダメージを与える
例 DNA damage (DNA損傷)
形 damaged (損傷した)

☐ 262 ★ defect
[díːfekt]
ディーフェKT

名 欠損、異常、欠陥
形 defective (欠損した、欠陥のある)

☐ 263 ★ disruption
[disrʌ́pʃən]
ディSラPシャン

名 破壊、破損
動 disrupt (〜を破壊する、分裂させる)

☐ 264 repair
[ripéər]
リペアー

名 修復
例 DNA repair (DNA修復)、nucleotide excision repair (ヌクレオチド除去修復)

Glossary 257-264
Repair, Transcription and Translation

☐ 257 **translocation** 【転座】

ある染色体 (chromosome) の一部分が切れて、別の染色体に入り込む遺伝子変化のことです。

☐ 258 **inversion** 【逆位】

ある染色体 (chromosome) が2カ所で切断され、切り離された断片が逆向きになって同じ位置に再結合することです。

☐ 259 **double-strand break** 【2本鎖切断】

DNAの2本鎖が切断されることで、細胞にとっては重大な障害です。大腸菌を含む真性細菌においては、RecAと呼ばれるリコンビナーゼ (遺伝子組換えの触媒として働く酵素) が切断の修復に重要な役割を果たします。

☐ 260 **irradiation** 【照射】

調査や治療などのために赤外線や紫外線、放射線 (X線・α線・γ線) などを当てること、また、それらにさらされることです。

☐ 261 **damage** 【損傷】

損傷や損害を広く指す語で、例えば次のようにも用いられます。
例 I have some damage to my vision. (視力障害があります)

☐ 262 **defect** 【欠損】

欠損や欠陥、欠如について広く使われる語です。例えば、major gene defect (主要遺伝子欠損)、defect on an X chromosome (X染色体の欠損) などのように使います。

☐ 263 **disruption** 【破壊】

一般に、連続性を遅らせたり中断させたりといった、無秩序を引き起こす行動について使われる語です。

☐ 264 **repair** 【修復】

生命科学の文脈では、さまざまな要因によるDNA分子の損傷 (damage) を、生体において修復することを指します。

Unit 4

☐ Day 17

Listen》CD-34

☐ 265 ★ ❶発音注意
transcript
[trǽnskript]
T**ラ**ンSK**リ**PT

名 転写物、転写産物、トランスクリプト
- 例 primary transcript（1次転写産物）
- 動 transcribe（〜を転写する）
- ➕ 名 transcription（転写）

☐ 266 ★
transcriptome
[trænskríptòum]
T**ラ**ンSK**リ**Pト**ゥ**M

名 トランスクリプトーム
- ➕ 名 transcript（転写物）+ -ome（集団、群れ）

☐ 267
sense strand
[séns strǽnd]
センS / ST**ラ**ンD

名 センス鎖
- = coding strand（コード鎖）
- ⇔ anti-sense strand（アンチセンス鎖）
- ➕ 名 sense（意味、認知） ➕ 名 strand（鎖）

☐ 268
anti-sense strand
[ǽnti-séns strǽnd]
アンティ-**セ**ンS / ST**ラ**ンD

名 アンチセンス鎖
- = non-coding strand（非コード鎖）
- ⇔ sense strand（センス鎖）

☐ 269 ★
operon
[ɑ́pərɑ̀n]
アパラン

名 オペロン
- 例 operon network（オペロン情報網）

☐ 270 ★
transcriptional regulation
[trænskrípʃənl rèɡjuléiʃən]
TランSK**リ**PシャNL / レギュ**レ**イシャン

名 転写制御、転写調節
- = transcriptional control（転写調節、転写制御）
- ➕ 形 transcriptional（転写の）
- ➕ 名 regulation（統制、調節）

☐ 271 ★ ❶発音注意
reverse transcription
[rivə́ːrs trænskrípʃən]
リ**ヴァー**S / TランSK**リ**Pシャン

名 逆転写（反応）
- ➕ 形 reverse（逆の）
- ➕ 名 transcription（転写）

☐ 272 ★ ❶発音注意
isomerization
[aisàməraizéiʃən]
アイサマライ**ゼ**イシャン

名 異性化（反応）
- 動 isomerize（〜を異性化する）
- ➕ 名 isomer（異性体、アイソマー）

Glossary 265-272

Repair, Transcription and Translation

最初にちゃんとコピーできないと、翻訳できないんだ！

□ 265 **transcript**【転写物】

DNAからmRNAに転写される遺伝情報のことです。1次転写産物 (primary transcript) とは、RNAポリメラーゼによって転写されただけの状態で、5´末端や3´末端の修飾 (modification) などがなされていないRNAを指します。

□ 266 **transcriptome**【トランスクリプトーム】

特定のゲノムからの転写産物 (transcript) やmRNAの総体のことです。トランスクリプトミクス (transcriptomics) とは、トランスクリプトームを定量的あるいは定性的に把握することにより、遺伝子発現の全体像を見ようとする研究方法です。

□ 267 **sense strand**【センス鎖】

2本鎖DNAのうち、mRNAと同じ配列を含み、翻訳される側の鎖のことです。

□ 268 **anti-sense strand**【アンチセンス鎖】

2本鎖DNAのうち、センス鎖と相補的、すなわちmRNAと相補的な方の鎖のことです。

□ 269 **operon**【オペロン】

ゲノムにおいてmRNAの生成をつかさどる、遺伝情報の転写の単位です。1つの転写因子 (transcription factor) [274] によって同時に発現が制御される複数の遺伝子が存在する領域を指します。

□ 270 **transcriptional regulation**【転写制御】

RNAポリメラーゼ (RNA polymerase) の結合作用を促進あるいは阻害して、遺伝子の転写レベルを調節する現象です。複数の段階・要因によって起こります。

□ 271 **reverse transcription**【逆転写】

1本鎖RNAを鋳型としてDNAが合成されることです。この現象の発見により、当初のセントラルドグマ (central dogma) [164] は改訂されることになりました。

□ 272 **isomerization**【異性化】

化合物が異性体 (isomer) に変化することです。例えば、ラセミ化でS体がR体に変化する反応や、シス型がトランス型になる反応などが含まれます。

Unit 4

□ Day 18

Listen)) CD-35

□ 273 ★ response element
❶発音注意

[rispáns éləmənt]
リスパンS / エラマンT

名 応答エレメント、応答配列
- **名** response (応答)
- **名** element (要素)
- responseのアクセント位置に注意。

□ 274 ★ transcription factor

[trænskrípʃən fæktər]
TランSKリプシャン / ファKター

名 転写因子
- **名** transcription (転写)　**名** factor (因子)
- 生物学におけるfactor (因子) とは、特定の生化学反応や身体過程にかかわる物質を指す。

□ 275 trans-acting factor

[træns-æktiŋ fæktər]
TランS-アKティンG / ファKター

名 トランス作用因子、トランス活性化因子
- **形** trans-acting (トランス作動性のある)
- **名** factor (因子)

□ 276 core enzyme
❶発音注意

[kɔ́ːr énzaim]
コー / エンザイM

名 コア酵素
- **名** core (中心 [部]、核心)
- **名** enzyme (酵素)

□ 277 ★ homeodomain

[hòumioudouméin]
ホウミオウドウメイン

名 ホメオドメイン
- homeo- (類似の、同種の) + **名** domain (領域、範囲)

□ 278 transcription attenuation

[trænskrípʃən ətenjuéiʃən]
TランSKリプシャン / アテニュエイシャン

名 転写減衰、転写減弱
- **名** transcription (転写)
- **名** attenuation (衰弱、弱化、減衰)

□ 279 upstream

[ápstríːm]
アPSTリーM

形 上流の　**副** 上流に
- 例 upstream region of a gene (遺伝子の上流域)

□ 280 ★ downstream

[dáunstríːm]
ダウンSTリーM

形 下流の　**副** 下流に
- 例 downstream region of a gene (遺伝子の下流域)

Glossary 273-280
Repair, Transcription and Translation

☐ 273 response element【応答エレメント】
遺伝子の調節領域の部分で，転写 (transcription) を調節するタンパク質が結合する部分のことです。

☐ 274 transcription factor【転写因子】
DNA に特異的に結合するタンパク質の一群のことです。DNA 上のプロモーターやエンハンサーといった転写を調節する領域に結合し、DNA の遺伝情報を RNA に転写する過程を促進、あるいは逆に抑制します。

☐ 275 trans-acting factor【トランス作用因子】
遺伝子の転写制御 (transcriptional regulation) にかかわる DNA 領域に結合し作用する、転写制御因子 (タンパク質) のことです。

☐ 276 core enzyme【コア酵素】
転写をつかさどる酵素である RNA ポリメラーゼ (RNA polymerase) において、中心となる部分の呼び名です。

☐ 277 homeodomain【ホメオドメイン】
タンパク質ドメイン (protein domain) の1つで、DNA や RNA に結合します。転写因子 (transcription factor) によく見られます。

☐ 278 transcription attenuation【転写減衰】
DNA から転写される mRNA の配列が、RNA ポリメラーゼ (RNA polymerase) の作用に干渉して mRNA の転写を中断させる、すなわち終結を調節することです。遺伝子発現の抑制にかかわります。

☐ 279 upstream【上流の】
転写開始地点に近い方向、すなわちプロモーター (promoter) [297] の側を指す語です。

☐ 280 downstream【下流の】
転写開始地点から遠い方向、すなわち RNA 合成が進む方向を指す語です。

Unit 4

Day 18

Listen 》CD-36

□ 281
open reading frame [ORF]
[óupən ríːdiŋ fréim]
オウプン / リーディンG / FレイM

名 オープンリーディングフレーム、読み取り枠、翻訳領域
- 形 open（オープンな、制限のない）
- 名 reading（読み取り、解読） ・ 名 frame（枠）

□ 282 ★ ❶発音注意
anticodon
[æntikóudɑn]
アンティコウダン

名 アンチコドン、逆コドン
- anti-（反対の、対立する）+ 名 codon（コドン）
- 例えばAGAのコドンに対しては、DNAではTCT、RNAではUCUがアンチコドン。

□ 283 ★
nascent
[næsnt]
ナSンT

形 新生の、発生期の、初期の
- 例 nascent protein（新生タンパク質）、nascent polypeptide（新生ポリペプチド）

□ 284 ★
translation initiation factor
[trænsléiʃən iniʃiéiʃən fæktər]
TランSレイシャン / イニシエイシャン / ファKター

名 翻訳開始因子
- 名 translation（翻訳）
- 名 initiation（開始） ・ 名 factor（因子）
- 原核生物ではIFと略し、真核生物ではeIFと略す。

□ 285
proofreading
[prúːfrìːdiŋ]
PルーFリーディンG

名 校正、プルーフリーディング
- 動 proofread（〜を校正する）

□ 286 ★
remodeling
[riːmádliŋ]
リーマDリンG

名 再構築、リモデリング
- 例 chromatin remodeling（クロマチン再構築）、tissue remodeling（組織の再構築）
- 動 remodel（〜を再構築する）

□ 287 ★
induction
[indʌ́kʃən]
インダKシャン

名 誘導、誘発、導入
- 動 induce（〜を誘発する、引き起こす、導入する）
- 形 inducible（誘導性の、誘発性の）

□ 288 ★
activation
[æktəvéiʃən]
アKタヴェイシャン

名 活性化、賦活（化）
- 動 activate（〜を活性化する）
- 名 activator（活性化因子、アクチベーター）

Glossary 281-288
Repair, Transcription and Translation

「翻訳」とか「編集」とか「校正」とか、まるで本を作っているみたいだね。生物は書物!?

□ 281 open reading frame 【オープンリーディングフレーム】
DNA または RNA 配列をアミノ酸に変換した際、途中に終止コドン (termination codon) が含まれない、読み取り枠 (reading frame) がオープンな状態にある (タンパク質に翻訳される可能性がある) 塩基配列の領域のことです。

□ 282 anticodon 【アンチコドン】
DNA、RNA の塩基配列に関与するコドン (codon) [221] の3つの塩基配列の型に合わせて対になるコドンです。

282
ribosome — amino acid
tRNA — anticodon
mRNA — codon

□ 283 nascent 【新生の】
「発生しようとする」あるいは「初期の、始まったばかりの」を表す語です。化学的に「発生期にある」という意味でも使われます。

□ 284 translation initiation factor 【翻訳開始因子】
リボソーム (ribosome) が mRNA の塩基配列に従ってアミノ酸を結合させる過程、すなわちタンパク質合成の翻訳 (translation) のプロセスを開始させるタンパク質群のことです。

□ 285 proofreading 【校正】
大腸菌の DNA ポリメラーゼ (DNA polymerase) のように、合成活性と5´-3´ エキソヌクレアーゼ活性を持つ酵素が、塩基の取り込みエラーを修正しながら合成を続けることです。

□ 286 remodeling 【再構築】
構築された物を作り直したり、型を変更したりすることです。

□ 287 induction 【誘導】
物事をある地点・状態に導くことです。DNA damage induction (DNA 損傷誘導)、induction of phosphorylation (リン酸化誘導) などのように使います。

□ 288 activation 【活性化】
化学反応や酵素の機能が活発になることです。例えば、metabolic activation test (代謝活性化試験)、constitutive activation of ～ (～の恒常的な賦活) などのように使います。

Unit 4

□ Day 19

Listen)) CD-37

□ 289 ★
assay
[æséi]
ア**セ**イ

名 検定(法)、試験法、(評価)分析、アッセイ 動 ～を分析する
例 yeast assay (酵母検定法)、in vitro kinase assay (インビトロキナーゼ分析) ● 動詞の発音は[æséi]。

□ 290
annotation
[æ̀nətéiʃən]
アナ**テ**イシャン

名 アノテーション、注釈(を付けること)
動 annotate ([～に] 注釈を付ける)

□ 291 ★
initiation
[iniʃiéiʃən]
イニシ**エ**イシャン

名 開始、イニシエーション
≒ onset、start
動 initiate (～を開始する)
● 名 initiator (開始因子、イニシエーター)

□ 292 ★
elongation
[ilɔ̀ːŋɡéiʃən]
イローンG**ゲ**イシャン

名 伸長、延長、エロンゲーション
動 形 elongate (～を長くする、引き伸ばす、細長い)

□ 293
arrest
[ərést]
ア**レ**ST

名 停止、抑止 動 ～を停止する、抑止する
例 arrest of activity (活動の停止)

□ 294 ★
termination
[tə̀ːrmənéiʃən]
ターマ**ネ**イシャン

名 終結、終了、終止(点)
例 termination codon (終止コドン) ≒ nonsense codon (ナンセンスコドン) 動 terminate (～を終わらせる) ● 名 terminator (ターミネーター、終結部位)

□ 295
dissection
[disékʃən]
ディ**セ**Kシャン

名 切開、解剖、解体
≒ incision (切開)
動 dissect ([～を] 解剖する、切り裂く)

□ 296 ★
adhesion
[ædhíːʒən]
アD**ヒ**ージャン

❶発音注意

名 接着、付着、固着
形 adhesive (粘着性のある、接着力のある)
動 adhere (接着する)

Glossary 289-296

Repair, Transcription and Translation

☐ 289 **assay** 【検定】

生物学においては、活性や活動の分析に関してよく使われる語です。bioassay (生物検定法)、immunoassay (免疫検定法) のように、単語の一部として使われることもあります。

☐ 290 **annotation** 【アノテーション】

生物学においては、ゲノム情報に遺伝子と機能を割り当てることを指します。

☐ 291 **initiation** 【開始】

「開始」や「始動」を表す語で、例えば transcriptional initiation (転写開始)、initiation codon (開始コドン) のように使います。

☐ 292 **elongation** 【伸長】

長く引き伸ばすことを表す語です。elongation factor (伸長因子) とは、遺伝子翻訳においてポリペプチド鎖延長反応に関与するタンパク質因子のことです。

☐ 293 **arrest** 【停止】

物事の進行・成長などを「引き止める、阻む、阻止する」ことを表す語です。

☐ 294 **termination** 【終結】

物事の終わり、あるいは終点・末尾を指す語です。termination codon (終止コドン) とは、タンパク質合成の停止を指示するコドンのことです。具体的には、遺伝暗号を構成する64種のコドンのうち、対応するアミノ酸がないコドンです。

☐ 295 **dissection** 【切開】

「詳細に分析するために切り分けること」を意味する語で、生体の解剖などにも使います。

☐ 296 **adhesion** 【接着】

分子同士を引き付け合う作用などを指して使われる語で、例えば cell adhesion (細胞接着)、focal adhesion (焦点接着、接着斑)、adhesion molecule (接着分子) などのような使い方をします。

Unit 4

□ Day 19

Listen)) CD-38

□ 297 ★
promoter
[prəmóutər]
Pラモウター

▶ 名 プロモーター、促進因子
- 動 promote (〜を促進する)
- ➕ 名 promotion (促進)

□ 298 ★
core promoter
[kɔ́ːr prəmóutər]
コー / Pラモウター

▶ 名 コアプロモーター
- ➕ 名 core (中心 [部]、核心)
- ➕ 名 promoter (プロモーター、促進因子)

□ 299 ★
enhancer
[inhǽnsər]
インハンサー

▶ 名 エンハンサー、(転写)促進因子
- 動 enhance (〜を高める、強める)

□ 300 ★
repressor
[riprésər]
リPレサー

▶ 名 リプレッサー、(転写)抑制因子
- 例 repressor protein (リプレッサータンパク質)
- 動 repress (〜を抑制する)

□ 301 ★ ❶発音注意
activator
[ǽktəvèitər]
アKタヴェイター

▶ 名 活性化因子、活性化物質、アクチベーター
- 動 activate (〜を活性化する)
- ➕ 名 activation (活性化、賦活 [化])

□ 302 ★ ❶発音注意
initiator
[iníʃièitər]
イニシエイター

▶ 名 開始因子、イニシエーター
- 動 initiate (〜を開始する)
- ➕ 名 initiation (開始) ▶ 例 polypeptide chain initiation factor (ポリペプチド鎖開始因子)

□ 303 ★ ❶発音注意
mediator
[míːdièitər]
ミーディエイター

▶ 名 (転写)仲介因子、メディエーター
- 例 mediator complex (メディエーター複合体)
- 動 mediate (〜を仲介する、〜の媒介となる)
- ➕ 名 mediation (仲介)

□ 304 ★ ❶発音注意
terminator
[tə́ːrmənèitər]
ターミネイター

▶ 名 ターミネーター、終結部位、終了暗号
- 動 terminate (〜を終わらせる)
- ➕ 名 termination (終結、終了)

Glossary 297-304

Repair, Transcription and Translation

さあ、いよいよ学習も折り返し点。後半戦に入る前に、定着度をチェックしてみよう。

□ 297 **promoter**【プロモーター】
転写 (transcription) の始まる部分、すなわち、転写因子 (transcription factor) [274] の結合する遺伝子の上流部位を指す語です。

□ 298 **core promoter**【コアプロモーター】
正確な転写開始を導くプロモーター領域のことです。約40塩基の領域から成るとされています。

□ 299 **enhancer**【エンハンサー】
特定遺伝子の発現量増強にかかわる作用を持つ領域で、転写因子 (transcription factor) と結合します。プロモーターとは別領域で、近傍のプロモーターからの転写を促進します。

□ 300 **repressor**【リプレッサー】
転写因子 (transcription factor) と共役して働き、遺伝子の転写を妨げるタンパク質のことです。

□ 301 **activator**【活性化因子】
一般には「活性化させる因子」という意味ですが、遺伝子の転写レベルを上昇させる因子を指してよく使われます。

□ 302 **initiator**【開始因子】
「物事を開始させる因子」のことですが、この語も転写や複製の開始因子 (initiation factor) についてよく使われます。タンパク質の生合成を、mRNAの開始コドンから始めるために必要なタンパク群です。

□ 303 **mediator**【仲介因子】
転写因子 (transcription factor) はDNAの遺伝情報をRNAに転写する際、その促進と抑制を単独で、あるいはほかのタンパク質と複合体を形成することによって実行します。その際に仲介を行う因子のことです。

□ 304 **terminator**【ターミネーター】
遺伝子の転写を終結させるDNAの部位のことです。

Review Quiz 2

[161-304]

日本語の文の色文字部分を英語にして（　　）に補い、英文を完成させましょう。
* Chapter 1 で学んだ見出し語が（　）に入ることもあります。

❶ 表現型とは、生物の組成や行動に見られる、遺伝的継承物の発現である。

A (　　　　　) is the expression of genetic inheritance through an organism's composition and actions.

❷ 何代にもわたって家庭犬の遺伝的交配を行うと、結果として幾つかの種は雑種となる。

Genetic crossing of domestic dogs over generations results in some species as (　　　　　).

❸ 染色体のおかげで、細胞は分裂時に自身のコピーを確実に作ることができる。

(　　　　　) ensure that cells make copies of themselves as they divide.

❹ 複製の間に、DNA の 2 重らせんはほどけ、そして新しい 1 本鎖に再び巻き付く。

During (　　　　　), the DNA's (　　　　　) (　　　　　) unwinds, and then rewinds around a new strand.

❺ 転写は、細胞内部にある情報のそっくりな複製物を作る最初の段階の 1 つである。

(　　　　　) is one of the first steps in producing an identical facsimile of information contained in cell interiors.

▶解答は p.92

❻形質移入は、胚性幹細胞の研究や感染の制御に幅広く利用されている。
(   ) is widely used in embryonic (   )
(   ) research and infection control.

❼その医師は手術を進める前に、患者の膵組織の一部を生体内で調べた。
The doctor examined part of the patient's pancreatic tissue
(   ) (   ) before proceeding with the surgery.

❽前駆体には、違法薬物を作るのに使われ得るため、認可された個人や組織しか入手できないものもある。
Some (   ) can be used to create illegal drugs, and are available only to authorized individuals or organizations.

❾ダーウィンは、変異が進化にとって重大であるという説を提示した。なぜなら、変異によって種は環境の変化に適応しやすくなるからである。
Darwin proposed that (   ) are critical to evolution, as they help a species adapt to changes in its environment.

❿活性化因子は、転写が効率的に進むようにして、RNAポリメラーゼが細胞からデータを写し取るのを促す。
(   ) help RNA polymerase copy data from a cell,
making (   ) proceed efficiently.

Review Quiz 2 解答と解説
[161-304]

❶ phenotype [170]
▶ inheritance は「受け継いだ物、継承物」、composition は「構成（物）、組成（物）」を表す。

❷ hybrids [172]
▶ hybrid は生物だけでなく機械などについても広く用いられる語。また、hybrid clone（雑種クローン）のように形容詞としても使われる。result in ~ は「結果として~になる」。

❸ chromosomes [177]
▶ 現在形を使って一般論を述べた文。ensure that ~ は「~を確実にする、請け合う、保証する」を意味する。

❹ replication [185]、double helix [202]
▶ unwind は「（巻いた状態のものが）ほどける」、rewind は「再び巻かれる」。文中の a new strand は、ほどけた2本の鎖のそれぞれと結び付く、新しく合成された1本の鎖のこと。

❺ Transcription [186]
▶ identical は「まったく同じ、うり二つの」、facsimile は「複写、複製（物）」を意味する。

❻ transfection [191]、stem cell [034]
▶ embryonic stem cell（胚性幹細胞、ES細胞）は胚から取り出して作る細胞で、分裂する能力が高く、あらゆる種類の細胞になることができる。

❼ in vivo [232]
▶ in vivo（生体内で）と in vitro（生体外で、試験管内で）は対にして覚えよう。なお、どちらの表現も形容詞的にも使用可能で、in vitro test（生体外実験）などのように用いる。

❽ precursors [233]
▶ 前駆体とは、一連の代謝反応の中で特定の物質になる前の段階の不活性物質のこと。直前に some があり、後半部分の動詞が are なので precursors と複数形にすること。

❾ mutations [249]
▶ ここでの critical は「決定的な、重大な」。なお、as they に続く部分では help ~ do（~が…するのを助ける）という形が使われている。

❿ Activators [301]、transcription [186]
▶ RNA polymerase（RNAポリメラーゼ）は、DNAの塩基配列を基にメッセンジャーRNAを作る酵素。この文にも help ~ do（~が…するのを助ける）が使われている。

Chapter 3
神経・免疫・医療
Nerves, Immunity and Medical Care

Unit 1 脳と神経
▶ [305-320]

Unit 2 免疫
▶ [321-352]

Unit 3 疾病
▶ [353-384]

Unit 4 先端医療
▶ [385-400]

Introduction

このチャプターでは、脳と神経、人体の防御機構、疾病、そして先端医療という流れで、重要表現を見ていきます。前の2つのチャプターで学んだ語彙とはかなり毛色が違っていますので、新たな気持ちで取り組んでください。

Unit 1 では、脳および神経の組織の名称などを取り上げています。ご存じの通り、関心を集めている分野なので、基礎的な語彙は押さえておきましょう。

Unit 2 では、免疫および抗体に関する表現を紹介しています。バイオテクノロジーに関連した語も多く含まれていますので、しっかり身に付けましょう。

Unit 3 では、基本的な疾病や症状にまつわる語彙を扱っています。発音に注意が必要なものが多いので、音声を繰り返し聞きながら学んでください。

Unit 4 では、ニュースなどにもよく登場する先端医療に関する表現を見ていきます。生物学のさまざまな応用の形とその名称を、ここでまとめて学びましょう。

Unit 1

脳と神経
Brain and Nerves

☐ Day 20

Listen))) CD-39

☐ 305 ★
central nervous system [CNS]
[séntrəl nə́:rvəs sístəm]
セントラL / ナーヴァS / シSタM

名 中枢神経系
- ➕ 形 central（中枢の）
- ➕ 形 nervous（神経の）
- ➕ 名 system（体系、系統）

☐ 306 ★ ❶発音注意
cerebrum
[sərí:brəm]
サリーBラM

名 大脳
- 形 cerebral（大脳の）▶ 例 cerebral cortex（大脳皮質）
- ➕ [sérəbrəm]という発音もある。

☐ 307 ★
nerve
[nə́:rv]
ナーV

名 神経
- 形 nervous（神経の）

☐ 308 ★
neuron
[njúərɑn]
ニュアラン

名 ニューロン、神経単位、神経細胞
- 形 neuronal（ニューロンの、神経細胞の）

☐ 309
axon
[ǽksɑn]
アKサン

名 軸索
- 形 axonal（軸索の）
- ➕ 1文字違いのexon（エキソン）[222]と混同しないように注意。

☐ 310 ★ ❶発音注意
synapse
[sínæps]
シナPS

名 シナプス
- 例 excitatory synapse（興奮性シナプス）、inhibitory synapse（抑制性シナプス）
- 形 synaptic（シナプスの）

☐ 311
synaptic potential
[sinǽptik pəténʃəl]
シナPティK / パテンシャL

名 シナプス電位
- ⇔ action potential（活動電位）
- ➕ 形 synaptic（シナプスの）
- ➕ 名 potential（電位）

☐ 312
sensory nerve
[sénsəri nə́:rv]
センサリ / ナーV

名 感覚神経
- ➕ 形 sensory（感覚の）
- ➕ 名 nerve（神経）

Brain and Nerves

□ 305　central nervous system 【中枢神経系】
動物の器官系の1つで、神経系が高度に集中し、中核的な機能を果たしているものです。脊椎動物では、脳と脊髄 (spinal cord) がこれに当たります。

□ 306　cerebrum 【大脳】
脳の最も大きな部分で、中枢神経系 (central nervous system) の中心を成しています。

□ 307　nerve 【神経】
感覚や運動、自立性の制御を行うために発達した外胚葉 (ectoderm) 由来の組織 (線維) です。刺激を中枢神経系から体の各部へ、またその逆に伝える働きをします。

□ 308　neuron 【ニューロン】
神経組織を形成する細胞のことで、神経細胞体、樹状突起、軸索から成ります。

□ 309　axon 【軸索】
神経細胞体の突起の中で最も長い突起で、インパルス伝導を行います。

□ 310　synapse 【シナプス】
神経細胞間、または神経細胞とほかの細胞との接合部のことです。シナプス間隙 (synaptic cleft) という隙間があり、信号伝達物質を介し信号が伝えられます。

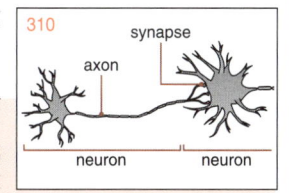

□ 311　synaptic potential 【シナプス電位】
電位はシナプス (synapse) によって異なり、また細胞の種類によっても異なります。興奮性や抑制性を調節するモジュレーター (modulator) と呼ばれるものもあり、電位の強弱と頻度の違いが、情報の受け渡しに多様性を与えています。

□ 312　sensory nerve 【感覚神経】
末梢神経の1つで、さまざまな受容器から中枢神経に刺激 (stimulus) などの情報を伝えます。

Unit 1

☐ Day 20

Listen 》CD-40

☐ 313
neurogenesis
[njùərədʒénəsis]
ニュアラ**ヂェ**ナシS

名 神経発生、ニューロン形成
- **形** neurogenic（神経［原］性の）
- ⊕ neuro-（神経）+ -genesis（発生、生成、進化）

☐ 314
synaptic vesicle
[sinǽptik vésikl]
シナ**P**ティK / **ヴェ**シKL

名 シナプス小胞
- ⊕ **形** synaptic（シナプスの）
- ⊕ **名** vesicle（小胞）

☐ 315 ★
glia
❶発音注意
[gláiə]
G**ラ**イア

名 グリア、膠細胞
- **例** radial glia（放射状グリア）、glial cell（グリア細胞、膠細胞）
- **形** glial（グリアの、膠細胞の）

☐ 316 ★
ganglion cell
❶発音注意
[gǽŋgliən sél]
ギャンGリアン / **セ**L

名 神経節細胞
- ⊕ **名** ganglion（神経節）
- ⊕ **名** cell（細胞）

☐ 317 ★
stimulus
[stímjuləs]
S**ティ**ミュラS

名 刺激
- **複** stimuli [stímjulài]
- **動** stimulate（〜を刺激する）

☐ 318 ★
sensitivity
[sènsətívəti]
センサ**ティ**ヴァティ

名 感受性、刺激反応性、感度
- **例** sensitivity and specificity（感受性と特異性）
- **形** sensitive（敏感な、鋭敏な）

☐ 319 ★
transmission
[trænsmíʃən]
Tラン**S**ミシャン

名 伝達、伝播、伝染、透過
- **例** neurohumoral transmission（神経液伝達）、synaptic transmission（シナプス伝達）
- **動** transmit（〜を伝達する）

☐ 320
adaptation
[ædəptéiʃən]
アダP**テ**イシャン

名 順応、適応
- **動** adapt 〜 to …（〜を…に適応させる）≒ accommodate 〜 to …

Brain and Nerves

脳と神経についての用語は、これまでと「頭」を切り替えて、「神経」質にならずに覚えよう。

☐ 313 **neurogenesis**【神経発生】
ニューロンは発生期においてのみ形成されると考えられてきましたが、近年、哺乳類の成体の脳においても神経幹細胞（neural stem cell）が存在し、神経発生がその後も続いていることが明らかになりました。

☐ 314 **synaptic vesicle**【シナプス小胞】
シナプス部に集積する小胞で、中に神経伝達物質を含みます。

☐ 315 **glia**【グリア】
神経系を構成する細胞のうち、ニューロン（神経細胞）ではない細胞の総称で、重要な代謝機能を持つと考えられています。この glia という語は、膠（glue）を意味するギリシャ語に由来しています。

☐ 316 **ganglion cell**【神経節細胞】
脳および脊髄の外側に位置し、そこから末梢神経系を形成する細胞体です。神経節には感覚神経節と自律神経節があります。

☐ 317 **stimulus**【刺激】
生物学では、組織や器官に反応を引き起こしたり、働きを活発にさせたりするものを指します。例えば a stimulus to growth（成長への刺激）、under the stimulus of ～（～に刺激されて）のような使い方ができます。

☐ 318 **sensitivity**【感受性】
化学作用に反応する特定の能力や、外界の刺激などへの敏感さを指す語です。

☐ 319 **transmission**【伝達】
物質や刺激、情報などを伝えることを広く指す語です。病気の伝染についても用いられます。

☐ 320 **adaptation**【順応】
環境への適応や、感覚器官の順応、調節などに関して使われる語です。

Unit 2　免疫 / Immunity

☐ Day 21

Listen))) CD-41

☐ 321 ★
immune system
[imjú:n sístəm]
イミューン / シスタM

名 免疫系、免疫機構
- 形 immune（免疫の）
- 名 system（体系、系統）

☐ 322 ★
bone marrow
[bóun mǽrou]
ボウン / マロウ

名 骨髄
- 名 bone（骨）
- 名 marrow（髄、骨髄）

☐ 323 ★
leukocyte
[lú:kəsàit]
ルーカサイT

名 白血球
= white blood cell
- leuko-（白）+ -cyte（細胞）

☐ 324 ★
lymphocyte
[límfəsàit]
リMファサイT

名 リンパ球
- lympho-（リンパ）+ -cyte（細胞）

☐ 325 ★
plasma cell
[plǽzmə sél]
PラZマ / セL

名 形質細胞
- 名 plasma（血漿、原形質）
- 名 cell（細胞）

☐ 326 ★
T cell
[tí: sél]
ティー / セL

名 T細胞
= T lymphocyte
- 胸腺（thymus）で分化・増殖するため、このように呼ばれる。

☐ 327
cytotoxic T cell
[sàitətáksik tí: sél]
サイタタKシK / ティー / セL

名 細胞傷害性T細胞、キラーT細胞
- 形 cytotoxic（細胞傷害性の）
- 名 T cell（T細胞）

☐ 328 ★
macrophage ❶ 発音注意
[mǽkrəfèidʒ]
マKラフェイジ

名 マクロファージ、大食細胞、貪食細胞
- macro-（大きい）+ -phage（食べるもの）

Immunity

Glossary 321-328

☐ 321 **immune system** 【免疫系】
外界からの侵入物や体内の異常などに対し、免疫応答 (immune response) [339] によって防御する生体の機構のことです。

☐ 322 **bone marrow** 【骨髄】
骨の内部に存在し、造血にかかわる組織です。赤血球や白血球を産生する赤色骨髄と、その機能を失った黄色骨髄とに分けられます。

☐ 323 **leukocyte** 【白血球】
血液の血球を成す細胞の一種で、主に免疫応答、生体防御の働きをします。

☐ 324 **lymphocyte** 【リンパ球】
白血球の一種で、骨髄で作られ、リンパ節、胸腺、脾臓などに送られて増殖します。

☐ 325 **plasma cell** 【形質細胞】
リンパ球に由来し、抗体の産生にかかわる細胞です。骨髄やリンパ節、リンパ組織などに分布しています。

☐ 326 **T cell** 【T細胞】
リンパ球の中で、細胞性免疫 (cellular immunity) [338] にかかわる重要な細胞の呼称です。

☐ 327 **cytotoxic T cell** 【細胞傷害性T細胞】
T細胞の1つで、宿主にとって異物になる細胞の情報を受け取り、それらを破壊する働きをします。

☐ 328 **macrophage** 【マクロファージ】
骨髄中の単球系幹細胞に由来する大型の食細胞で、異物を取り込み細胞内で消化する働きをします。免疫反応に関しても重要な役割を担います。

Day 21

329 ★ antigen
[ǽntidʒən]
アンティジャン
❶発音注意

名 抗原
- **形** antigenic（抗原性の）

330 ★ antibody
[ǽntibɑ̀di]
アンティバディ
❶発音注意

名 抗体
- = immune body
- **例** antigen-antibody reaction（抗原抗体反応）

331 ★ immunoglobulin [Ig]
[ìmjunouglɑ́bjulin]
イミュノウGラビュリン
❶発音注意

名 免疫グロブリン、イムノグロブリン
- **例** immunoglobulin G [IgG]（免疫グロブリンG）
- ✚ immuno-（免疫）+ **名** globulin（グロブリン）

332 complement
[kɑ́mpləmənt]
カMPラマンT

名 補体
- **形** complementary（補足的な、相補的な）

333 ★ human leukocyte antigen
[hjúːmən lúːkəsàit ǽntidʒən]
ヒューマン / ルーカサイT / アンティジャン

名 ヒト白血球抗原
- ✚ **形** human（ヒトの）
- ✚ **名** leukocyte（白血球）
- ✚ **名** antigen（抗原）

334 heavy chain
[hévi tʃéin]
ヘヴィ / チェイン

名 重鎖、H鎖
- ⇔ light chain（軽鎖）
- ✚ **形** heavy（重い）
- ✚ **名** chain（鎖、連鎖）

335 light chain
[láit tʃéin]
ライT / チェイン

名 軽鎖、L鎖
- ⇔ heavy chain（重鎖）
- ✚ **形** light（軽い）
- ✚ **名** chain（鎖、連鎖）

336 ★ susceptibility
[səsèptəbíləti]
サセPタビラティ

名 感染しやすさ、罹病性、感受性
- **形** susceptible（影響を受けやすい、感染しやすい）
- **例** susceptibility locus（感受性部位）、susceptibility to colds（風邪をひきやすいこと）

Immunity

Glossary 329-336

生体防御機能の用語は身に付いてきた？ 生物が異物に対処する方法も分かってきたかな。

□ 329 antigen【抗原】
生体にとっての異物で、体内に侵入し、抗体（antibody）[330] の鋳型となって免疫反応を引き起こす物質のことです。

□ 330 antibody【抗体】
体内に侵入した異物に反応して作られる物質で、特定の抗原（antigen）[329] に作用する免疫グロブリン（immunoglobulin）[331] 分子のことです。

□ 331 immunoglobulin【免疫グロブリン】
抗体活性を持つ血清グロブリンの総称で、動物の体液中に存在するタンパク質です。重鎖（heavy chain）[334] の性状により IgA、IgG、IgD、IgE、IgM の5つのクラスに分類されます。

□ 332 complement【補体】
通常は血清（serum）[387] 中に存在するタンパク群で、抗体の働きを助けることからこのように呼ばれます。

□ 333 human leukocyte antigen【ヒト白血球抗原】
ヒトの染色体上に存在する主要組織適合遺伝子複合体で、移植や輸血、抗原に対する免疫反応に大きくかかわるとされています。

□ 334 heavy chain【重鎖】
タンパク質を構成するサブユニット（subunit）[086] が大小2個ある場合に、分子量の大きい方をこのように呼びますが、大抵の場合、免疫グロブリンの H 鎖を指して使われます。

□ 335 light chain【軽鎖】
一般にはタンパク質を構成するサブユニット（subunit）[086] のうち、分子量の小さい方のことですが、大抵は免疫グロブリンの L 鎖を指して使われます。

□ 336 susceptibility【感染しやすさ】
「影響の受けやすさ、病原体などからの侵されやすさ」を表す語で、sensitivity（感受性）[318] とは区別されます。

Unit 2

☐ Day 22

Listen))) CD-43

☐ 337 ★
humoral immunity

[hjúːmərəl imjúːnəti]
ヒューマラL / イミューナティ

名 体液性免疫
- 形 humoral（体液性の）
- 名 immunity（免疫）

☐ 338
cellular immunity

[séljulər imjúːnəti]
セリュラー / イミューナティ

名 細胞性免疫
- 形 cellular（細胞の、細胞性の）
- 名 immunity（免疫）

☐ 339 ★   ❶発音注意
immune response

[imjúːn rispάns]
イミューン / rSパンS

名 免疫応答
- 形 immune（免疫の）
- 名 response（応答）
- responseのアクセント位置に注意。

☐ 340
autoimmunity

[ɔːtouimjúːnəti]
オートウイミューナティ

名 自己免疫
- auto-（自身の）＋ 名 immunity（免疫）

☐ 341
effector mechanism

[iféktər mékənìzm]
イフェKター / メカニZM

名 エフェクター機構
- 名 effector（エフェクター、作動体）
- 名 mechanism（機構、メカニズム）

☐ 342 ★   ❶発音注意
ligand

[lígənd]
リガンD

名 リガンド、配位子
- 例 ligand bond（配位子結合）

☐ 343 ★   ❶発音注意
agonist

[ǽgənist]
アガニST

名 作用物質、作用薬、アゴニスト
- ⇔ antagonist（拮抗物質）

☐ 344 ★   ❶発音注意
antagonist

[æntǽgənist]
アンタガニST

名 拮抗物質、拮抗薬、アンタゴニスト
- ⇔ agonist（作用物質）

Glossary 337-344
Immunity

☐ 337 humoral immunity 【体液性免疫】
体液中にできる抗体（antibody）である免疫グロブリン（immunoglobulin）[331] が抗原を排除する反応のことです。

☐ 338 cellular immunity 【細胞性免疫】
体液性免疫（humoral immunity）[337] のように抗体を介してではなく、活性化したリンパ球などの細胞によってもたらされる免疫反応のことです。

☐ 339 immune response 【免疫応答】
体内に浸入した抗原（antigen）に対する免疫の応答のことで、1次応答と2次応答があります。

☐ 340 autoimmunity 【自己免疫】
自身のタンパク質、細胞、組織に対して抗体（antibody）が作られる現象のことで、リウマチなど、自己免疫疾患の原因となります。

☐ 341 effector mechanism 【エフェクター機構】
免疫応答においては、寄生体や組織の傷害の最終メカニズムを指します。エフェクター細胞が感染の現場に集まって作用するという特徴があります。

☐ 342 ligand 【リガンド】
特定の受容体（receptor）に親和性を示し結合する物質のことです。

☐ 343 agonist 【作用物質】
受容体（receptor）に結合してそれを変化させ、種々の作用を引き起こす物質のことです。

☐ 344 antagonist 【拮抗物質】
受容体（receptor）に結合してもそれ自体は活性化作用を引き起こさず、アゴニスト（agonist）の作用を抑制する物質です。医学では、ほかの薬剤の作用を妨害する薬剤のことをしばしば指します。

Unit 2

□ Day 22

Listen)) CD-44

□ 345 ★ infection
[inférkʃən]
インフェKシャン

名 感染(症)、伝染
- **動** infect (〜を感染させる)
- **形** infectious (感染性の)

□ 346 ★ virus
❶発音注意
[váiərəs]
ヴァイアラS

名 ウイルス
- ➕ 細菌よりも小さな病原体。細胞を持たず、生物学における「生物」の定義からは外れる。

□ 347 ★ vaccine
❶発音注意
[væksíːn]
ヴァK**シー**ン

名 ワクチン
- **動** vaccinate (〜にワクチンを接種する) ▶ **名** vaccination (ワクチン接種)

□ 348 host
[hóust]
ホウST

名 宿主、ホスト
- **例** host cell (宿主細胞)

□ 349 graft
[græft]
G**ラ**FT

名 移植片

□ 350 ★ immunization
[ìmjunizéiʃən]
イミュニ**ゼ**イシャン

名 予防接種、免疫付与
- **動** immunize (〜に免疫性を与える)

□ 351 ★ immunohistochemistry
❶発音注意
[ìmjunouhistəkéməstri]
イミュノウヒSタ**ケ**マSTリ

名 免疫組織化学
- ➕ immuno- (免疫) + histo- (組織) + **名** chemistry (化学)

□ 352 ★ adjuvant
❶発音注意
[ǽdʒuvənt]
アジュヴァンT

名 補助薬、アジュバント
- **例** adjuvant therapy (アジュバント療法)
- ➕ 「助ける」を意味するラテン語に由来。

Glossary 345-352
Immunity

免疫と抗体についての語彙は、医療寄りとはいえ、生物学の諸分野と関連するものが多いぞ。

☐ 345 **infection**【感染】
個体の体内に病原体（pathogen）が侵入することです。

☐ 346 **virus**【ウイルス】
DNAかRNAの一方を持ち、タンパク質の外殻で包まれた感染性粒子です。動物、植物、細菌を宿主（host）［348］とします。

☐ 347 **vaccine**【ワクチン】
不活性化もしくは無毒化したウイルス（virus）や病原体（pathogen）です。病原体に対する免疫（immunity）を与える目的で投与されます。

☐ 348 **host**【宿主】
ウイルスを含む寄生体が寄生の対象とする生命体のことです。また、移植においては、移植を受ける側の個体や組織を指します。

☐ 349 **graft**【移植片】
移植のための組織または器官のことです。多くの場合、皮膚、筋肉、骨、神経、あるいは器官の移植に用いられる組織小片です。

☐ 350 **immunization**【予防接種】
本来は免疫反応を引き起こす操作を一般的に意味する語ですが、伝染病予防などのためにワクチン（vaccine）［347］を投与することを指してよく使われます。

☐ 351 **immunohistochemistry**【免疫組織化学】
組織や細胞中の抗原（antigen）と特異的に結合する抗体（antibody）を利用して、特異抗原を検出する方法のことで、蛍光色素や酵素などが用いられます。

☐ 352 **adjuvant**【補助薬】
免疫応答（immune response）を増強する、あるいは抗原を生体内に長時間とどまらせる、などの目的で投与される物質です。

Unit 3 — 疾病 / Diseases

□ Day 23

Listen))) CD-45

353 ★ symptom
[símptəm]
シMPタM

名 症状、徴候
- 例 subjective symptom（自覚症状）

354 ★ disorder
[disɔ́:rdər]
ディソーダー

名 （機能的）障害、異常疾患
- 例 eating disorder（摂食障害）

355 impairment
[impéərmənt]
イMペアーマンT

名 機能障害
- 例 memory impairment（記憶障害）
- 形 impaired（障害の、正常な機能が損なわれた）
- 例 impaired cognitive function（認知機能障害）

356 ★ focus
[fóukəs]
フオウカS

名 病巣
- 複 foci [fóusai]
- ≒ lesion（病変、病巣）
- 形 focal（局所的な、病巣の）

357 acute
[əkjú:t]
アキューT

形 急性の
- ⇔ chronic（慢性の）
- 例 acute pain（急性疼痛）

358 chronic
[kránik]
Kラニk

形 慢性の、慢性的な
- ⇔ acute（急性の）

359 ★ lethal
[lí:θəl]
リーθァL

形 致死的な、致死性の
- ≒ fatal（致命的な）、mortal（命取りの）
- 例 lethal dose（致死量）
- 名 lethality（致死［性］）

360 ★ onset
[ánsèt]
アンセT

❶発音注意

名 発症、開始、発生、発現
- 例 the onset of ～（～の発症、発現）の形でよく使う。

Glossary 353-360
Diseases

☐ 353 **symptom** 【症状】
患者や病気が示す状態のことです。外国の市販薬の箱や説明書で目にする語です。

☐ 354 **disorder** 【障害】
身体または精神の機能が撹乱された状態を指す語で、多くは遺伝もしくは外傷や疾病などにより生じます。

☐ 355 **impairment** 【機能障害】
見る、歩く、学ぶといった身体的・精神的能力の、部分的または完全な喪失のことを指します。

☐ 356 **focus** 【病巣】
病気に冒された領域、特に進行の中心または発生点を指します。

☐ 357 **acute** 【急性の】
発症が急な病気や短期間の病気に対して使われる形容詞です。

☐ 358 **chronic** 【慢性の】
病気が長期間続くこと、あるいは進行が緩やかなことを示す形容詞です。

☐ 359 **lethal** 【致死的な】
「致死的な、死をもたらす」を意味する形容詞の中でも、専門用語として使われる傾向の強い語です。fatal は「死が避けられない」ニュアンスで、mortal は実際に起こった死に対して使われます。

☐ 360 **onset** 【発症】
病気や症状の開始を意味する語で、the onset of a cold (風邪のひき始め)、the onset of labor (陣痛の始まり) といった使い方をします。

Unit 3

□ Day 23

Listen)) CD-46

□ 361 ★
inflammation
[ìnfləméiʃən]
インFラ**メ**イシャン

名 炎症
例 focal inflammation (局所的炎症)

□ 362 ★
dehydration
[dìːhaidréiʃən]
ディーハイD**レ**イシャン

名 脱水
動 dehydrate (〜から水分を取り除く)

□ 363 ★
necrosis
[nəkróusis]
ナK**ロ**ウシS

名 壊死
形 necrotic (壊死性の)
⊕ necro- (死) + -sis (状態)

□ 364　❶発音注意
dyspnea
[dispníːə]
ディSP**ニ**ーア

名 呼吸困難
⊕ dys- (変質、異常) + -pnea (呼吸)

□ 365　❶発音注意
pneumonia
[njumóunjə]
ニュ**モ**ウニャ

名 肺炎
⊕ pneumon- (肺) + -ia (病的な状態)
⊕ 名 pneumococcus (肺炎球菌)

□ 366　❶発音注意
tuberculosis
[tjubəːrkjulóusis]
テュバーキュ**ロ**ウシS

名 結核
形 tuberculous (結核性の)
⊕ tuberculo- (結核、結核菌) + -sis (状態)

□ 367
hypertension
[hàipərténʃən]
ハイパー**テ**ンシャン

名 高血圧症
⇔ hypotension (低血圧症)

□ 368　❶発音注意
diabetes mellitus
[dàiəbíːtis meláitəs]
ダイア**ビ**ーティS / メ**ラ**イタS

名 糖尿病
⊕ 形 diabetic (糖尿病の)
⊕ mellitusには[mélitəs]という発音もある。

Glossary 361-368
Diseases

ここからは病名がどんどん出てくるよ。日本語では知っていても、英語ではどうかな？

☐ 361 **inflammation** 【炎症】
組織（tissue）の一部が損傷したり、病原体に感染したりした際に起きる一連の反応のことです。

☐ 362 **dehydration** 【脱水】
体内の水分が欠乏した状態です。高熱や下痢、嘔吐が原因となる場合もあります。

☐ 363 **necrosis** 【壊死】
組織（tissue）や器官（organ）を成す細胞が死んで、機能を失うことです。「プログラムされた死」を意味するアポトーシス（apoptosis）[080]とは異なります。

☐ 364 **dyspnea** 【呼吸困難】
呼吸時に不快感や痛み、または努力感を伴う状態です。

☐ 365 **pneumonia** 【肺炎】
肺の炎症（inflammation）のことで、多くは細菌やウイルスにより引き起こされます。

☐ 366 **tuberculosis** 【結核】
結核菌（*Mycobacterium tuberculosis*）の感染が原因で発症する、特異的疾患のことです。

☐ 367 **hypertension** 【高血圧症】
血圧が収縮期140mmHg以上、拡張期90mmHg以上になった状態です。日常的にもよく使われる用語です。

☐ 368 **diabetes mellitus** 【糖尿病】
糖代謝に関与するホルモンであるインスリン（insulin）の欠乏や感受性低下によって生じる代謝性疾患です。生活習慣病の代表例として知られています。

Day 24

Listen 》CD-47

369 ★ influenza
[ìnfluénzə]
インフル**エ**ンザ

名 インフルエンザ
= flu

370 ★ allergy ❶発音注意
[ǽlərdʒi]
アラージ

名 アレルギー
形 allergic (アレルギーのある、アレルギー性の)
❶ 名 allergen (アレルゲン、アレルギー抗原)

371 ★ seizure ❶発音注意
[síːʒər]
シージャー

名 (痙攣)発作
例 epileptic seizure (てんかんの発作)

372 ★ autonomic imbalance
[ɔ̀ːtənámik imbǽləns]
オータ**ナ**ミK / イM**バ**ランS

名 自律神経失調症
❶ 形 autonomic (自律神経の)
❶ 名 imbalance (平衡失調)

373 ★ depression
[dipréʃən]
ディP**レ**シャン

名 鬱病
動 depress (〜を憂鬱にさせる)
形 depressed (抑鬱状態の、鬱病の)

374 Alzheimer disease
[áːltshaimər dizíːz]
アーLTSハイマー / ディ**ジ**ーZ

名 アルツハイマー病
= Alzheimer's disease
❶ Alzheimer ▶ Alois Alzheimer (ドイツの精神科医。1864-1915) disease (病気)

375 prion disease ❶発音注意
[práiɑn dizíːz]
P**ラ**イアン / ディ**ジ**ーZ

名 プリオン病
❶ 名 prion (プリオン [核酸を持たない感染性のタンパク質]) ❶ 名 disease (病気)
❶ prion には [príːɑn] という発音もある。

376 ★ infertility
[ìnfərtíləti]
インファー**ティ**ラティ

名 不妊症
⇔ fertility (受精力があること、多産、出生率)
形 infertile (生殖能力のない、不妊の) ⇔ fertile (受精力のある、多産な、受精した)

Diseases

☐ 369 influenza 【インフルエンザ】
日本語にもなっていますが、インフルエンザウイルス (influenza virus) の感染で引き起こされる疾患です。

☐ 370 allergy 【アレルギー】
特定の抗原によって引き起こされる過敏性状態で、例えば花粉症などの抗原抗体反応 (antigen-antibody reaction) です。

☐ 371 seizure 【発作】
突然の筋肉の不随意収縮のことで、しばしば意識喪失や転倒などを伴います。

☐ 372 autonomic imbalance 【自律神経失調症】
自律神経系の機能失調、特に脈管神経運動性の平衡失調によって、さまざまな症状が生じている状態です。

☐ 373 depression 【鬱病】
継続的な絶望感や自責感、活動エネルギーの喪失などで、日常生活を送ることが困難となる精神的症状のことです。

☐ 374 Alzheimer disease 【アルツハイマー病】
脳の神経細胞に異常や脱落が生じる疾患で、通常は中年後期または老年期に発症し、徐々に悪化していきます。

☐ 375 prion disease 【プリオン病】
プリオンタンパク質 (prion protein) の構造が変化し、病原型になったものによって引き起こされるヒツジのスクレイピーやウシ海綿状脳症 (BSE)、クロイツフェルトヤコブ病などの疾患です。

☐ 376 infertility 【不妊症】
男性の不妊症にも女性の不妊症にも使われる語です。また、形容詞の infertile を使って、an infertile couple (不妊症の夫婦) のような表現も可能です。

Unit 3

□ Day 24

Listen))) CD-48

□ 377 ★
pathogen
[pǽθədʒən]
パ**ソ**ヂャン

名 病原体、病原菌
- 形 pathogenic（病原性のある）

□ 378 ★ ❶発音注意
Escherichia coli [*E. coli*]
[èʃəríkiə kóulai]
エシャ**リ**キア / **コ**ウライ

名 大腸菌、エシェリキア・コリ
- 例 enterohemorrhagic *Escherichia coli* [EHEC]（腸管出血性大腸菌 [O-157など]）

□ 379
antibiotic resistance
[æntibaiátik rizístəns]
アンティバイ**ア**ティK / リ**ジ**SタンS

名 抗生物質耐性、抗生物質抵抗性
- 形 antibiotic-resistant（抗生物質耐性の）
- ➕ 形 antibiotic（抗生の、抗生物質の）
- ➕ 名 resistance（抵抗性、耐性）

□ 380 ★
tumor
[tjúːmər]
テューマー

名 腫瘍、腫瘤
- 例 brain tumor（脳腫瘍）
- ➕ 名 tumorigenesis（腫瘍形成、腫瘍発生）

□ 381 ★
cancer
[kǽnsər]
キャンサー

名 癌、悪性腫瘍
- 例 early cancer（早期癌）
- 例 advanced cancer（進行癌）

□ 382 ★
malignant
[məlígnənt]
マ**リ**GナンT

形 悪性の
- 例 malignant tumor（悪性腫瘍）、malignant lymphoma（悪性リンパ腫）

□ 383 ★ ❶発音注意
metastasis
[mətǽstəsis]
マ**タ**SタシS

名 転移
- 形 metastatic（転移性の）

□ 384
recurrence
[rikə́ːrəns]
リ**カー**ランS

名 再発
- 動 recur（再発する、繰り返し起こる）
- 形 recurrent（再発性の、回帰性の）

112 ▶ 113

Glossary 377-384
Diseases

病気の原因に関する語彙は、生物学の先端的な研究にもよく出てくるよ。

☐ 377 **pathogen**【病原体】
疾病を引き起こす細菌 (bacteria)、ウイルス (virus)、リケッチア (rickettsia)、原生動物などの総称です。

☐ 378 *Escherichia coli*【大腸菌】
腸内細菌科に属するグラム陰性 (Gram-negative) の桿菌で、運動性の菌は鞭毛を持ちます。

☐ 379 **antibiotic resistance**【抗生物質耐性】
細菌に対する抗生物質 (antibiotics) の活性が非常に弱い状態のことです。もともと耐性がある場合以外に、薬剤との接触や突然変異で耐性が生じることもあります。

☐ 380 **tumor**【腫瘍】
身体の組織を構成する細胞が、自立的に不可逆な増殖を続けることで引き起こされる病態です。良性のものと悪性のものがあります。

☐ 381 **cancer**【癌】
悪性腫瘍 (malignant tumor) の総称です。癌腫は、生体の上皮組織から発生します。

☐ 382 **malignant**【悪性の】
疾患が治療に対して抵抗性があるもので、その予後が不良なことを指す表現です。腫瘍に対してよく用いられます。

☐ 383 **metastasis**【転移】
細胞または細菌が身体のある部位からほかの部位に移ることです。癌細胞の場合は、原発部位から血流やリンパ流に乗って移動し、体内の別の部位で増殖を続けることです。

☐ 384 **recurrence**【再発】
病気が回復した後に再び現れることです。癌の場合は、切除などの後に再び発病することに対して使われます。

Unit 4　先端医療
Advanced Medical Care

Day 25

Listen)) CD-49

---

385 ★ clinical
[klínikəl]
Kリニカル

形 臨床の
例 clinical medicine (臨床医学)、clinical research (臨床研究)
⊕ 名 clinician (臨床医、臨床医学者)

---

386 ★ therapeutic
[θèrəpjúːtik]
θェラピューティK

形 治療(上)の
例 therapeutic serum (治療血清)、therapeutic dose (治療線量、治療薬量)
名 therapy (治療)

---

387 ★ serum　❶発音注意
[síərəm]
シアラM

名 血清
複 sera [síərə]
例 bovine serum albumin (ウシ血清アルブミン、BSA)

---

388 albumin　❶発音注意
[ælbjúːmən]
アLビューマン

名 アルブミン
例 aggregated albumin (凝集アルブミン)

---

389 tailor-made medicine
[téilərméid médəsin]
ティラーメイD / メダシン

名 テーラーメード医療
= personalized medicine
⊕ 形 tailor-made (特定の目的に合わせた)
⊕ 名 medicine (医療)

---

390 regeneration medicine
[ridʒènəréiʃən médəsin]
リジェナレイシャン / メダシン

名 再生医療
⊕ 名 regeneration (再生)
⊕ 名 medicine (医療)

---

391 ★ ES cell
[íː és sél]
イーエS / セL

名 ES細胞、胚性幹細胞、胚性未分化細胞
= embryonic stem cell

---

392 ★ iPS cell
[áipíː és sél]
アイピーエS / セL

名 iPS細胞、人工(誘導)多能性幹細胞
= induced pluripotent stem cell
⊕ 形 induced (誘発された)
⊕ 形 pluripotent (多能性の)

Advanced Medical Care

☐ 385 **clinical** 【臨床の】

「患者の診察や治療に関係する」を意味する形容詞です。

☐ 386 **therapeutic** 【治療の】

「疾患を治療する、治癒を促す」を意味する形容詞です。

☐ 387 **serum** 【血清】

血液の液体部分です。血漿（けっしょう）からフィブリノーゲンを取り除いたもので、アルブミン (albumin) やグロブリン (globulin) などのタンパク質を含んでいます。

☐ 388 **albumin** 【アルブミン】

グロブリン (globulin) とともに生物を構成する可溶性タンパク群の代表例で、卵白や血清 (serum) などに含まれます。

☐ 389 **tailor-made medicine** 【テーラーメード医療】

ヒトゲノム (human genome) 研究の成果を基に、個人の遺伝情報の特徴と薬剤に関する感受性の関係を明確にした、個々の患者の特徴に合った医療のことです。

☐ 390 **regeneration medicine** 【再生医療】

人体の組織が欠損した場合に、その機能を回復させる医学分野のことです。

☐ 391 **ES cell** 【ES 細胞】

未分化な胚 (embryo) に由来する細胞です。遺伝子導入に際して使われます。また、多様な細胞や組織への分化能力を持つことで知られています。

☐ 392 **iPS cell** 【iPS 細胞】

ヒトの皮膚細胞から得られる、ES 細胞（胚性幹細胞）に劣らない能力を持つ人工多能性幹細胞の呼び名です。

Unit 4

☐ Day 25

Listen)) CD-50

☐ 393 ★ genetic diagnosis
[dʒənétik dàiəgnóusis]
ジャ**ネ**ティK / ダイアG**ノ**ウシS

名 遺伝子診断
= genetic test
➕ 形 genetic (遺伝子の)
➕ 名 diagnosis (診断)

☐ 394 ★ in vitro fertilization
[in víːtrou fəːrtəlizéiʃən]
イン / **ヴィ**ーTロウ / ファータリ**ゼ**イシャン

名 体外受精
➕ 形 in vitro (生体外の、試験管内の)
➕ 名 fertilization (受精)

☐ 395 artificial insemination
[àːrtəfíʃəl insèmənéiʃən]
アータ**フィ**シャL / インセマ**ネ**イシャン

名 人工授精
➕ 形 artificial (人工的な)
➕ 名 insemination (受精、媒精)

☐ 396 gene therapy
[dʒíːn θérəpi]
ジーン / θエラピ

名 遺伝子治療
➕ 名 gene (遺伝子)
➕ 名 therapy (治療)

☐ 397 cord blood
[kɔ́ːrd blʌ́d]
コーD / B**ラ**D

名 臍帯血
➕ 名 cord (ひも、帯) ▸ = umbilical cord (臍帯)
➕ 名 blood (血液)

☐ 398 ★ chemotherapy ❶発音注意
[kìːmouθérəpi]
キーモウθ**エ**ラピ

名 化学療法
➕ chemo- (化学) + 名 therapy (治療)

☐ 399 ★ cerebral death ❶発音注意
[səríːbrəl déθ]
サ**リ**ーBラL / **デ**θ

名 脳死
= brain death
➕ 形 cerebral (大脳の、脳の)
➕ 名 death (死)

☐ 400 ★ transplantation
[trænsplæntéiʃən]
Tラン**S**Pラン**テ**イシャン

名 移植(術)
例 organ transplantation (臓器移植)
動 名 transplant (〜を移植する、移植)

Glossary 393-400
Advanced Medical Care

先端医療はどんどん進歩しているね。さて、iPS細胞の「iPS」が何の略か、もう言えるかな?

☐ 393 **genetic diagnosis**【遺伝子診断】

DNAの塩基配列の異常などを調べ、その結果に基づき行う診断のことです。最近では感染症や癌などの診断にも用いられるようになっています。

☐ 394 **in vitro fertilization**【体外受精】

女性の卵巣から卵を取り出して、体外で受精させ、胚 (embryo) を形成させる手法です。

☐ 395 **artificial insemination**【人工授精】

交尾によらず人工的な手段で精子と卵を結合させることです。

☐ 396 **gene therapy**【遺伝子治療】

病気の治療を目的とし、生体内に人工的に遺伝子 (gene) を導入することです。

☐ 397 **cord blood**【臍帯血】

胎児と母体をつなぐ胎児側の組織である臍帯 (umbilical cord)、すなわち「へその緒」の中に含まれる血液のことです。血液細胞のもとになる幹細胞を含むため、保存して白血病治療などに使われます。

☐ 398 **chemotherapy**【化学療法】

化学物質を薬剤として用い、病原体や癌細胞などの増殖を抑える治療法のことです。特に、抗癌剤を用いた治療法を指してよく使われます。

☐ 399 **cerebral death**【脳死】

脳幹を含む脳全体の機能が消失し、回復が不可能になった状態です。

☐ 400 **transplantation**【移植】

患者自身の体内の組織や器官、もしくはほかの人の組織や器官を、体内の必要な場所に移し置換することです。

Review Quiz 3

[305-400]

日本語の文の色文字部分を英語にして(　　)に補い、英文を完成させましょう。
* Chapter 1〜2で学んだ見出し語が(　　)に入ることもあります。

❶ 明るい光は通常、虹彩への刺激として働き、収縮を引き起こす。
Bright light will normally act as a (　　　　) to an iris, causing it to contract.

❷ 健康な骨髄は、白血球の形成と、免疫的安定全般にとって重要である。
Healthy (　　　　) (　　　　) is important for the development of white blood cells and overall immunological stability.

❸ 予防接種には多くの場合、抗原が含まれている。それは、疾病そのものを引き起こすことなく、疾病に対する抗体を作り出す。
Vaccinations often contain (　　　　), which will create (　　　　) for an illness without causing the illness itself.

❹ 少量であっても、シアン化物はヒトに対し致死性を持つ。
Even in small amounts, cyanide is (　　　　) to human beings.

❺ 高熱は、体内の水分を汗として失わせるため、しばしば脱水を引き起こす。
High temperatures often cause (　　　　) through loss of body moisture in the form of sweat.

▶ 解答は p.120

❻緊急救命室の医師たちは、壊死を防ぐために患者の腕の創傷を懸命に処置した。

The emergency room doctors worked hard on the patient's arm wounds to prevent (　　　　).

❼ HIV（ヒト免疫不全ウイルス）は、免疫系を攻撃し、罹患者を疾病の宿主になりやすくする病原体である。

HIV is a (　　　　) which attacks the (　　　　) (　　　　), rendering a victim vulnerable to a host of illnesses.

❽その癌は転移が進むにつれ、患者の腎臓からほかの器官へと広がった。

As the (　　　　) went through a (　　　　), it spread from the patient's kidneys to other (　　　　).

❾医師たちは、悪性かどうかの結論を出すために、患部組織の標本を調べた。

The doctors studied a tissue sample of the diseased part to determine whether it was (　　　　).

❿毎朝規則的に柔軟体操をすることが、彼の弱った筋肉に治療効果をもたらした。

The regular morning calisthenics had a (　　　　) effect on his weakened muscles.

Review Quiz 3　解答と解説
[305-400]

❶ stimulus [317]
▶ stimulus（刺激）の複数形は stimuli。iris には、ここでの「虹彩」のほかに、「アヤメ属の植物の総称」や「虹色の光を放つ石英、水晶」などの意味もある。

❷ bone marrow [322]
▶ white blood cell（白血球）は leukocyte [323] のより一般的な言い方。immunological は「免疫学的な」。

❸ antigens [329]、**antibodies** [330]
▶ vaccination は「予防接種」、すなわち、不活性化した病原体を接種して感染症に対する免疫力を高めることを指す。antigen と antibody はともに可算名詞。

❹ lethal [359]
▶ cyanide（シアン化物）はシアン化水素酸の塩で、強い毒性を持つ。lethal は「致死的な」を意味する形容詞で、lethal dose（致死量）、lethal factor（致死因子）などの用法もある。

❺ dehydration [362]
▶ moisture は「水分、湿気」。in the form of ～は「～の形をとって」という意味。

❻ necrosis [363]
▶ work on ～は「～に取り組む」。wound（創傷、[外]傷）は、物理的外力により組織の連続性が破壊された状態を指す。

❼ pathogen [377]、**immune system** [321]
▶ HIV は human immunodeficiency virus の略。「render ＋人＋形容詞」で「人を～の状態にする」を表す。victim は医療の文脈ではしばしば「罹病者、罹患者」の意味になる。

❽ cancer [381]、**metastasis** [383]、**organs** [012]
▶ cancer は「癌」の最も一般的な言い方。このほか、carcinoma（癌腫）や malignant tumor（悪性腫瘍）などの表現も使われる。

❾ malignant [382]
▶ ここでの study は「～を注意深く観察する、詳しく調べる」といった意味。determine は「～を決定する、～についての決着をつける」。

❿ therapeutic [386]
▶ calisthenics は「（特別な器具を用いない）柔軟体操」のこと。therapeutic は「治療の、治療に役立つ」の意味で、therapeutic dose（治療薬量、治療線量）などの使い方も可能。

Chapter 4
研究と発表
Research and Presentation

Unit 1 学問分野
▶ [401-416]

Unit 2 実験
▶ [417-464]

Unit 3 分析
▶ [465-480]

Unit 4 学会発表・論文
▶ [481-512]

Introduction

最後のチャプターには、研究室でよく用いられる表現が多数登場します。留学して海外で研究活動をする場合はもちろんですが、日本にいても、自分の研究成果を論文などで発表する際には不可欠な用語ばかりです。見出し語を覚えるだけでなく、解説の内容も十分理解しながらマスターして、アウトプットに使えるようになりましょう。

Unit 1 では、学問分野の名称を扱っています。「生命科学」の対象は非常に広く、関連する分野もたくさんありますが、代表的なものをここで押さえましょう。

Unit 2 では、実験に頻繁に登場する語を学びます。よく使われるものばかりなので、ぜひこの機会に覚えてください。

Unit 3 では、分析に関する用語を見ていきます。分析の手法は、さまざまな分野で共通することが多いので、用語もここで身に付けておくと応用が利きますよ。

Unit 4 では、研究成果の発表に当たっての重要表現を集めています。実際の論文執筆や投稿の際のポイントも併せて学んでいきましょう。

Unit 1 学問分野 / Academic Disciplines

□ Day 26

Listen)) CD-51

□ 401 ★
biology
[baiάlədʒi]
バイアラヂ

- 名 生物学、バイオロジー
- 形 biological（生物学的な、生物学の）

□ 402 ★
biotechnology
[bàiouteknάlədʒi]
バイオウテKナラヂ

- 名 生物工学、バイオテクノロジー
- ⊕ bio-（生物、生物学）＋ 名 technology（技術）

□ 403 ★
biochemistry
[bàioukémestri]
バイオウケマSTリ

- 名 生化学、生物化学
- 形 biochemical（生化学的な）
- ⊕ bio-（生物、生物学）＋ 名 chemistry（化学）
- ⊕ 名 biochemist（生化学者）

□ 404 ★
molecular biology
[məlékjulər baiάlədʒi]
マレキュラー / バイアラヂ

- 名 分子生物学
- ⊕ 形 molecular（分子の）
- ⊕ 名 biology（生物学）

□ 405 ★
cell biology
[sél baiάlədʒi]
セL / バイアラヂ

- 名 細胞生物学
- ⊕ 名 cell（細胞）
- ⊕ 名 biology（生物学）

□ 406 ★
developmental biology
[divèləpméntl baiάlədʒi]
ディヴェラPメンTL / バイアラヂ

- 名 発生生物学
- ⊕ 形 developmental（発生の）
- ⊕ 名 biology（生物学）

□ 407 ★
evolutionary biology
[èvəlú:ʃənèri baiάlədʒi]
エヴァルーシャネリ / バイアラヂ

- 名 進化生物学
- ⊕ 形 evolutionary（進化の）
- ⊕ 名 biology（生物学）

□ 408 ★
structural biology
[strʌ́ktʃərəl baiάlədʒi]
STラKチャラL / バイアラヂ

- 名 構造生物学
- ⊕ 形 structural（構造の）
- ⊕ 名 biology（生物学）

Glossary 401-408
Academic Disciplines

☐ 401 biology 【生物学】
生物や生命現象を研究する自然科学の一分野で、医学や農学などへの応用も含みます。生命科学 (life science) や生物科学 (biological science) といった名称が使われることもあります。

☐ 402 biotechnology 【生物工学】
生物を工学的見地から研究し、応用する技術です。特に近年は、遺伝子組換えなどの技術を利用した品種改良や、医薬品・食糧などの生産、環境の浄化などへの応用技術を指してこの語が使われます。

☐ 403 biochemistry 【生化学】
生物体を構成する物質を扱う研究分野です。研究対象は生体やその活動ですが、研究の立場によっては、化学の一分野とされることもあります。

☐ 404 molecular biology 【分子生物学】
生命現象を分子 (molecule) のレベルまたは側面から究明することを目的とする学問で、現在では、脳、再生、免疫、癌などに研究対象が拡大しています。

☐ 405 cell biology 【細胞生物学】
細胞 (cell) を研究対象とする生物学の一分野です。細胞は生物の基本単位であるため、細胞生物学は生物学の基礎となっています。

☐ 406 developmental biology 【発生生物学】
多細胞生物の個体発生 (ontogenesis) を研究対象とする生物学の一分野です。

☐ 407 evolutionary biology 【進化生物学】
2つの側面がある分野です。一方は生物の種がたどってきた歴史を明らかにする、分子遺伝学や古生物学などと連携する面です。他方は進化の要因やメカニズムを研究・解明する面で、遺伝学や生態学などと関連します。

☐ 408 structural biology 【構造生物学】
生物を形作る巨大な生体高分子 (biopolymer)、特にタンパク質や核酸の構造を研究する生物学の基礎分野を指します。この分野の発展が、今日の分子生物学へとつながっています。

Unit 1

☐ Day 26

Listen 🔊 CD-52

☐ 409 ★
neurology
[njuərálədʒi]
ニュアラロジ

名 神経学
形 neurological（神経学的な）

☐ 410 ★
physiology
[fìziálədʒi]
フィジアロジ

名 生理学
形 physiological（生理学的な）

☐ 411 ★ ❶発音注意
bioinformatics
[bàiouinfərmǽtiks]
バイオウインファーマティKS

名 生物情報学、バイオインフォマティクス
⊕ bio-（生物、生物学）+ 名 informatics（情報科学）

☐ 412 ★
biophysics
[bàioufíziks]
バイオウフィジKS

名 生物物理学
⊕ bio-（生物、生物学）+ 名 physics（物理学）

☐ 413 ★
plant physiology
[plænt fìziálədʒi]
PランT / フィジアロジ

名 植物生理学
⊕ 名 plant（植物）
⊕ 名 physiology（生理学）

☐ 414 ★
immunology
[ìmjunálədʒi]
イミュナロジ

名 免疫学
形 immunological（免疫学的な）

☐ 415 ★ ❶発音注意
genetics
[dʒənétiks]
ジャネティKS

名 遺伝学
形 genetic（遺伝的な）

☐ 416 ★
pathology
[pəθálədʒi]
パθアロジ

名 病理学
形 pathological（病理学的な）

Glossary 409-416
Academic Disciplines

生物学には多くの分野があるんだね。中には生物学と医学・薬学の境界に位置するものも！

☐ 409 **neurology**【神経学】

「脳」や「神経」系を診療研究する、主に内科学の一分野で、日本語では「神経内科学」とも呼ばれています。

☐ 410 **physiology**【生理学】

生体の機能や作用を研究する生物学の一分野です。原則として一個体を扱います。

☐ 411 **bioinformatics**【生物情報学】

ゲノムや遺伝子、タンパク質構造などの生命現象に関連する情報 (information) を扱う分野で、生命科学と情報科学、情報工学が融合した学問分野ともされています。

☐ 412 **biophysics**【生物物理学】

生命システムを物理学と物理化学を用いて理解することを目的とする学問分野です。分子から個体、さらには生態系まで、あらゆる生物学的組織を研究対象としており、さまざまな分野と研究領域を共有することが多い学際分野です。

☐ 413 **plant physiology**【植物生理学】

植物の生理機能を研究対象とする分野です。

☐ 414 **immunology**【免疫学】

生体の持つ免疫機能を研究対象とする学問分野です。

☐ 415 **genetics**【遺伝学】

生物のさまざまな形質が子孫に伝わる現象や、その原因あるいはメカニズムを研究する学問分野です。

☐ 416 **pathology**【病理学】

病気の原因および発生メカニズムの究明や、形態・過程の確定と診断などを目的とする、医学の一分野です。

Unit 2 実験 / Experiment

Day 27

Listen 》CD-53

417 ★ laboratory
[lǽbərətɔ̀:ri]
ラバラトーリ

名 実験室、研究室、研究所
- 例 biological laboratory (生物学実験室)、laboratory activity (研究室活動)

418 ★ apparatus
[ǽpərǽtəs]
アパラタS

名 装置、器具
- ≒ device (装置、素子)、instrument (器械、器具)
- ⊕ [ǽpəréitəs]という発音もある。

419 ★ light microscope
[láit máikrəskòup]
ラィT / マィKラSコウP

名 光学顕微鏡
- ⊕ **名** light microscopy (光学顕微鏡法)
- ⊕ 一般に、-scopeは分析装置、-scopyはそれを使った分析法を表す。

420 fluorescence microscope
[flùərésns máikrəskòup]
FルアレSンS / マィKラSコウP
❗発音注意

名 蛍光顕微鏡
- ⊕ **名** fluorescence (蛍光)
- ⊕ **名** fluorescence microscopy (蛍光顕微鏡法)

421 ★ confocal laser microscope
[kɑnfóukəl léizər máikrəskòup]
カンフォウカL / レィザー / マィKラSコウP

名 共焦点レーザー顕微鏡
- ⊕ **形** confocal (焦点を共有する、共焦の)
- ⊕ **名** confocal laser microscopy (共焦点レーザー顕微鏡法)

422 ★ scanning electron microscope [SEM]
[skǽniŋ iléktrɑn máikrəskòup]
Sキャニン G / イレKTラン / マィKラSコウP

名 走査型電子顕微鏡
- ⊕ **名** scanning (走査) ⊕ **名** electron (電子)
- ⊕ **名** scanning electron microscopy (走査型電子顕微鏡法)

423 transmission electron microscope [TEM]
[trænsmíʃən iléktrɑn máikrəskòup]
TランSミシャン / イレKTラン / マィKラSコウP

名 透過型電子顕微鏡
- ⊕ **形** transmission (透過、伝導) ⊕ **名** electron (電子)
- ⊕ **名** transmission electron microscopy (透過型電子顕微鏡法)

424 microtome
[máikrətòum]
マィKラトゥM
❗発音注意

名 ミクロトーム
- 例 microtome section (ミクロトーム切片)
- ⊕ micro- (微小) + -tome (切断器具)

Experiment

Glossary 417-424

☐ 417 laboratory 【実験室】
口語ではしばしば lab (日本語では「ラボ」) と略されます。「(写真の) 現像所」の意味もあります。

☐ 418 apparatus 【装置】
ある一定の機能を持つ装置・器具のひとまとまりのことです。

☐ 419 light microscope 【光学顕微鏡】
レンズの組み合わせにより、微小な物体の拡大像を作って観察する装置です。電子線を利用する電子顕微鏡に対し、可視光線を利用する点が特徴です。

☐ 420 fluorescence microscope 【蛍光顕微鏡】
光学顕微鏡の一種で、観察対象となる試料に対物レンズを通して励起光を照射し、試料が発する蛍光 (fluorescence) を観察します。

☐ 421 confocal laser microscope 【共焦点レーザー顕微鏡】
光源から照射されるレーザーを、対物レンズを用いて焦点に絞り込む顕微鏡です。サンプル面上における焦点は、結像面においても焦点となります。

☐ 422 scanning electron microscope 【走査型電子顕微鏡】
試料の表面を細い電子線で走査し、表面から放出される2次電子や反射電子を用いて画像を得る電子顕微鏡です。2次電子からバルク試料表面の微細な構造や形態を、反射電子から組成の違いを観察できます。

☐ 423 transmission electron microscope 【透過型電子顕微鏡】
ごく薄い試料切片に電子線を透過させ、結像レンズ系で拡大する電子顕微鏡です。可視像にするために、結像レンズ系の下に置いた蛍光スクリーンで光に変換します。

☐ 424 microtome 【ミクロトーム】
顕微鏡で観察する試料を薄い切片にする装置のことです。

Unit 2

□ Day 27

Listen))) CD-54

□ 425 ★
conical flask
[kánikəl flǽsk]
カニカL / フラSK

名 三角フラスコ
= Erlenmeyer flask
⊕ 形 conical (円錐形(えんすい)の)　⊕ 名 flask (フラスコ)

□ 426 ★
measuring cylinder
[méʒəriŋ sílindər]
メジャリンG / シリンダー

名 メスシリンダー
= graduated cylinder
⊕ 形 measuring (測定する、計測の)
⊕ 名 cylinder (円柱状の物、円筒)

□ 427 ★　❶発音注意
pipet
[paipét]
パイペT

名 ピペット　動 ～をピペットで採取する
例 disposable pipet (使い捨てピペット)
⊕ pipette ともつづる。

□ 428 ★　❶発音注意
syringe
[sərínd͡ʒ]
サリンジ

名 注射器、注入器
= injector
例 hypodermic syringe (皮下注射器)
⊕ 名 microsyringe (マイクロシリンジ、微量注射器)

□ 429 ★
scale
[skéil]
SケイL

名 目盛り、スケール；秤(はかり)、天秤(てんびん)
動 (～を)計測する
例 the scale on a ruler (定規の目盛り)、balance scale (天秤秤(てんびんばかり))

□ 430　❶発音注意
capillary column
[kǽpəlèri kάləm]
キャパレリ / カラM

名 毛細管カラム
⊕ 形 capillary (毛状の、毛細管 [状] の)
⊕ 名 column (カラム、柱状の物) ▶ ⊕ ここではクロマトグラフィーの分離に使う管のこと。

□ 431 ★
microarray
[máikrouərèi]
マイKロウアレイ

名 マイクロアレイ
例 microarray analysis (マイクロアレイ解析)
⊕ 微量のDNAをスライドガラスやシリコン、ナイロン膜などの基板上に整列して載せ、固定化したもの。

□ 432 ★　❶発音注意
electrophoresis
[ilèktroufəríːsis]
イレKTロウファリーシS

名 電気泳動 (法)
例 electrophoresis tank (電気泳動槽)
動 electrophorese (～を電気泳動にかける)
⊕ electro- (電気) + -phoresis (伝達)

Glossary 425-432
Experiment

よく使うガラス器具の英語名には、発音もつづりも間違えやすい「くせ者」が多いね。

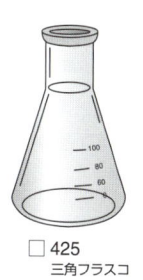

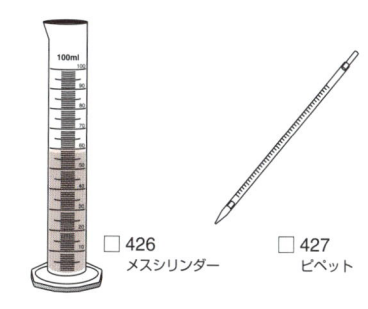

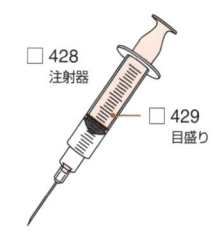

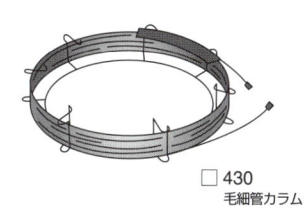

- ☐ 425 三角フラスコ
- ☐ 426 メスシリンダー
- ☐ 427 ピペット
- ☐ 428 注射器
- ☐ 429 目盛り
- ☐ 430 毛細管カラム

- ☐ 425 **conical flask**（Erlenmeyer flask という呼び名もよく使われる）
- ☐ 426 **measuring cylinder**（計量用の目盛りの付いた円筒状容器）
- ☐ 427 **pipet**（液体を吸い取って容積を正確に測る、または別容器に移すために使われる、目盛り付きの管）
- ☐ 428 **syringe**（液体の注入や採取に使われる医療器具。マイクロシリンジなら、マイクロリットルの微少量が注入・採取できる）
- ☐ 429 **scale**（「目盛り,尺度」と「計量器」の両方の意味を持つ）
- ☐ 430 **capillary column**（capillary とは、中空の細い管で、特に内径の小さいものを指す）
- ☐ 431 **microarray**（DNA や RNA の遺伝子配列や発現量の解析、また、遺伝子の微細な違いの調査に用いる）
- ☐ 432 **electrophoresis**（溶液に一対の電極を入れて直流電流を流すと、荷電したコロイド粒子が一方の電極に向かって移動する現象、あるいはそれを利用した解析法。タンパク質やアミノ酸の分離や分析に用いる）

Unit 2

□ Day 28

Listen 》CD-55

□ 433 ★ ❶発音注意
fluorescence
[flùərésns]
フルアレSンS

名 蛍光
形 fluorescent（蛍光[性]の）▶例 green fluorescent protein [GFP]（緑色蛍光タンパク質）

□ 434 ★
magnification
[mægnəfikéiʃən]
マGナフィケイシャン

名 拡大、拡大図、（レンズなどの）倍率
例 high magnification（高倍率）
動 magnify（〜を拡大する）

□ 435 ★
optical
[áptikəl]
アPティカL

形 光学的な、光学の
例 optical instrument（光学機器）、optical supplies（光の供給）
名 optics（光学、オプティクス）

□ 436 ★
incubate
[ínkjubèit]
インキュベイT

動 〜を培養する、保温する、インキュベートする
= culture 例 be incubated at n℃（n℃で培養される）
名 incubation（培養、インキュベーション）

□ 437 ★
agar
[á:gɑ:r]
アーガー

名 寒天、寒天培地
❶ agarose（アガロース）
❶ 紅藻類の細胞壁から抽出した、硫酸基を含むガラクトース多糖類。

□ 438 ★
medium
[mí:diəm]
ミーディアM

名 培地、培養基、培養液
= culture、culture medium
複 media [mí:diə]

□ 439 ★ ❶発音注意
hydrolysis
[haidrálisis]
ハイDラリシS

名 加水分解
= hydrolytic degradation
動 hydrolyze（〜を加水分解する）
❶ hydro-（水）+ -lysis（分解）

□ 440 ★
dilute
[dilú:t]
ディルーT

動 〜を希釈する
名 dilution（希釈[度]、希釈した液）
形 diluted（希釈された）

Glossary 433-440
Experiment

□ 433 fluorescence 【蛍光】
蛍光色素の分子が高エネルギーの光を吸収して放出する、吸収光よりも長い波長の光です。蛍光色素は細胞を傷つける危険性が少ないため、生きた試料にも用いることが可能です。

□ 434 magnification 【拡大】
「倍率」の意味では、例えば step up the magnification of a microscope（顕微鏡の倍率を徐々に高める）のように用います。

□ 435 optical 【光学的な】
「光学（上）の」「視力を助ける」「可視光線の」などを意味する形容詞です。

□ 436 incubate 【〜を培養する】
微生物や細胞を検出できる量まで増やす目的で、それらを人工的に養い増殖させることです。培養は、液体もしくは寒天のようなゲル (gel) を使って行われます。

□ 437 agar 【寒天】
寒天水溶液は高温でゾル (sol) 化、低温でゲル (gel) 化するため、培養用の固形培地 (solid medium) に利用されます。寒天から硫酸基を除いて精製されたアガロース (agarose) は、ゲル電気泳動の担体として DNA やタンパク質の分離に使われます。

□ 438 medium 【培地】
微生物や細胞を培養するための床のことで、通常は液状のものか、ゲル (gel) 状の固形物が使われます。

□ 439 hydrolysis 【加水分解】
水の作用により起こる分解反応です。エステル結合や酸アミド結合のように脱水縮合で作られた結合を水分子を添加することで開裂し、元の酸とアルコールやアミドなどに分解します。

□ 440 dilute 【〜を希釈する】
媒体を加えることで、濃度や純度、強度などを低くすることです。

Day 28

441 purification
[pjùərəfikéiʃən]
ピュアラフィケイシャン

名 精製、純化
- 動 purify（〜を精製する、純化する）
- ➕ 名 purity（純度）

442 ★ injection
[indʒékʃən]
インジェKシャン

名 注射（薬）、注入、インジェクション
- 例 intradermal injection（皮内注射）、fuel injection（燃料噴射）
- 動 inject（〜を注入する）

443 ★ acidic ❶発音注意
[əsídik]
アシディK

形 酸性の、酸を形成する
- ⇔ alkaline（アルカリ性の）
- 例 acidic aqueous solution（酸性水溶液）、turn acidic（酸性になる） 名形 acid（酸、酸性の、酸の）

444 ★ alkaline ❶発音注意
[ǽlkəlàin]
アLカライン

形 アルカリ性の、アルカリの
- ⇔ acid（酸性の、酸の）、acidic（酸性の）
- 例 alkaline solution（アルカリ溶液）
- 名 alkali（アルカリ）

445 phosphate buffered saline [PBS] ❶発音注意
[fásfeit bʌ́fərd séilain]
ファSフェイT / バファーD / セイライン

名 リン酸緩衝食塩水
- ➕ 名 phosphate（リン酸）
- ➕ 形 buffered（緩衝剤で処理された）
- ➕ 名 saline（食塩水）

446 lysate
[láiseit]
ラィセィT

名（細胞などの）溶解産物、ライセート、溶菌液
- 例 cell lysate（細胞溶解物）
- ➕ lys- は「溶解、分解」の意。

447 ★ extract
[ékstrækt]
エKSTラKT

名 抽出物 動 〜を抽出する
- 例 vanilla extract（バニラエッセンス）
- ➕ 名 extraction（抽出、抽出物）
- ➕ 動詞の場合の発音は[ikstrǽkt]。

448 ★ sterilization
[stèrəlizéiʃən]
Sテラリゼイシャン

名 滅菌、殺菌
- 動 sterilize（〜を滅菌する、殺菌消毒する、〜の生殖能力を失わせる）
- ➕ 微生物を殺す作用のこと。

Glossary 441-448
Experiment

ここで紹介したのは、研究室での会話に頻出する語。使う機会が多いのでマスターしよう。

☐ 441 **purification** 【精製】
不純な物を取り除くことにより、純度 (purity) の高い良質なものにすることです。

☐ 442 **injection** 【注射】
圧力で物質を注ぎ入れることです。特に、注射器を用いて生体内に液体を入れる行為、またはその液体を指します。injection of A into B (A の B への注入) の形でよく使われます。

☐ 443 **acidic** 【酸性の】
酸 (acid) としての性質を示す、あるいは酸を作ることのできる状態です。水溶液中ではpHが7より小さくなります。

☐ 444 **alkaline** 【アルカリ性の】
水に溶解して塩基性 (pHが7より大きい状態) を示し、酸と中和する性質です。
例 With a normal acid-base balance in the body, the blood is slightly alkaline. (体内が正常な酸塩基平衡であるとき、血液はややアルカリ性となる)

☐ 445 **phosphate buffered saline** 【リン酸緩衝食塩水】
ここでの saline は、生理食塩水 (physiological saline) の意味です。なお、saline は「塩分を含んだ」を表す形容詞として、a saline substance (塩分を含んだ物質) などのようにも使われます。

☐ 446 **lysate** 【溶解産物】
細胞などの溶解で生じる物質の混合液です。

☐ 447 **extract** 【抽出物】
蒸留や溶剤などにより抽出された成分やエキス、あるいはその抽出行為を指します。なおこの語は、例えば extracts by the process of distillation (蒸留の過程での抽出物) のように、複数形でもよく使われます。

☐ 448 **sterilization** 【滅菌】
殺菌作用を持つ薬剤を殺菌剤、そのうち消毒が目的のものを消毒剤と言います。菌の増殖を抑える作用は静菌 (bacteriostasis) で、静菌剤のうち防腐を目的とするものを防腐剤または保存剤と言います。

Listen)) CD-57

□ 449 ★ Western blot (analysis)
[wéstərn blát (ənǽləsis)]
ウェSターン / BラT (/ アナラシS)

名 ウエスタンブロット(法)
= Western blotting
⊕ 名 blot (ブロット、吸着)

□ 450 ★ hybridization
[hàibridizéiʃən]
ハイBリディゼイシャン

名 ハイブリッド形成(法)、ハイブリダイゼーション(法)
動 hybridize ([〜の] 雑種を作る、雑種核酸を作る)

□ 451 ★ centrifugation
[sentrìfjugéiʃən]
センTリフュゲイシャン

名 遠心分離(法)
例 be separated by centrifugation (遠心分離法によって分けられる)
動 名 centrifuge (〜を遠心分離する、遠心分離機)

□ 452 ★ SDS-gel electrophoresis ❶発音注意
[ésdí:és-dʒél ilèktroufərí:sis]
エSディーエS-ジェL / イレKTロウファリーシS

名 SDS-ゲル電気泳動(法)
例 SDS-polyacrylamide gel electrophoresis [SDS-PAGE] (SDS-ポリアクリルアミドゲル電気泳動 [法])
⊕ 名 electrophoresis (電気泳動)

□ 453 ★ electroporation
[ilèktrəpɔ:réiʃən]
イレKTラポーレイシャン

名 電気穿孔(法)、エレクトロポレーション
動 electroporate (〜に電気穿孔法で穴を空ける)

□ 454 ★ spectroscopy ❶発音注意
[spektráskəpi]
SペKTラSカピ

名 分光法、分光測定、スペクトロスコピー、分光学
形 spectroscopic (分光の、分光学的な)

□ 455 ★ chromatography ❶発音注意
[kròumətágrəfi]
Kロウマタグラフィ

名 クロマトグラフィー、色層分析
例 paper chromatography (ペーパークロマトグラフィー) ▶ ⊕ 最も簡単なクロマトグラフィー分析の1つ
⊕ gel filtration (ゲルろ過)

□ 456 ★ immunofluorescence ❶発音注意
[ìmjunouflu̇ərésns]
イミュノウFルアレSンS

名 免疫蛍光法
≒ immunostaining (免疫染色 [法])
⊕ immuno- (免疫) + 名 fluorescence (蛍光)

Glossary 449-456
Experiment

□ 449 Western blot 【ウエスタンブロット】
電気泳動によって分離したタンパク質を膜に転写し、特異的な抗体を用いて検出する手法です。

□ 450 hybridization 【ハイブリッド形成】
相補配列を持つ DNA や RNA 分子を変成後に再会合させ、雑種2本鎖を形成して、特定の遺伝子の解析を行う手法です。通常はどちらか一方を放射能や蛍光などで標識して行われます。

□ 451 centrifugation 【遠心分離】
大きさや重さの異なる物質を容器に入れて高速で回転させ、遠心力をかけることで分離する手法です。

□ 452 SDS-gel electrophoresis 【SDS-ゲル電気泳動】
SDS-ゲルを用いた電気泳動法 (electrophoresis) [432] のことです。SDS とは、アルキル硫酸界面活性剤の一種であるドデシル硫酸ナトリウムの略称です。

□ 453 electroporation 【電気穿孔】
細胞に高電圧を瞬間的にかけて細胞膜 (cell membrane) に微小な穴を開け、外部から DNA などの物質を導入したり、細胞融合を起こさせたりする手法のことです。

□ 454 spectroscopy 【分光法】
特定波長領域の光（電磁波など）を取り出し、それを刺激（エネルギー）として物質に照射した際の応答を検出し、分析する手法のことです。スペクトル (spectrum) を用いて物質の構造や性質を調べるためこのように呼ばれます。

□ 455 chromatography 【クロマトグラフィー】
物質の分離分析技術の代表的なもので、吸着性や電荷、異なる液相に対する溶解度の差などを利用して、物質を成分ごとに精度よく分離する手法です。

□ 456 immunofluorescence 【免疫蛍光法】
蛍光標識した抗体 (antibody) を用いて特定の細胞や組織を蛍光染色し、蛍光に基づいて明確に顕微鏡観察する手法のこと。免疫組織化学 (immunohistochemistry) [351] 的な検査手法の1つです。

Unit 2

☐ Day 29

Listen)) CD-58

457 ★
gene knockout

[dʒíːn nákàut]
ジーン / **ナ**カゥT

名 遺伝子ノックアウト
- 名 gene (遺伝子)
- 名 knockout (打ちのめすこと、大打撃)

458 ★ ❶発音注意
polymerase chain reaction [PCR]

[pálimərèis tʃéin riǽkʃən]
パリマレイS / **チェ**イン / リ**ア**Kシャン

名 ポリメラーゼ連鎖反応(法)、PCR(法)
- 例 PCR amplification (PCR増幅、PCR法)、PCR primer (PCRプライマー)、PCR product (PCR産物)
- DNAを増幅させる方法の1つ。

459 ★
tag

[tæg]
タG

名 標識、目印、タグ 動 〜に標識を付ける、目印を付ける
= label
例 be tagged by 〜 (〜によってタグ付けされた)

460 ★ ❶発音注意
agarose gel

[áːgəròus dʒél]
アーガロウS / **ジェ**L

名 アガロースゲル
- 名 agarose (アガロース) ▶ 名 agar (寒天)
- 名 gel (ゲル、ゼリー状物質)

461
alkylating agent

[ǽlkəlèitiŋ éidʒənt]
アLカレイティン G / **エ**イジャン T

名 アルキル化剤
= alkylator
- 形 alkylating (アルキル化する)
- 名 agent (作用物質、薬剤)

462 ❶発音注意
reactive oxygen species [ROS]

[riǽktiv áksidʒən spíːʃiːz]
リ**ア**KティV / **ア**Kシジャン / Sピーシーz

名 活性酸素種
- 形 reactive (反応性の、反応性に富む)
- 名 oxygen (酸素)
- 名 species (種)

463 ★
radical scavenger

[rǽdikəl skǽvindʒər]
ラディカL / S**キャ**ヴィンジャー

名 ラジカル捕捉剤
- 名 radical (ラジカル、遊離基)
- 名 scavenger (捕捉剤、捕集剤、スカベンジャー)
- 動 scavenge (〜を捕捉する)

464
hydrogen peroxide

[háidrədʒən pəráksaid]
ハイDラジャン / パ**ラ**KサイD

名 過酸化水素
- 名 hydrogen (水素)
- 名 peroxide (過酸化物)
- 化 H_2O_2

Glossary 457-464
Experiment

タンパク質の分離には、いろんな方法がある。それだけ多種多様な重要物質だということだね。

☐ 457　gene knockout 【遺伝子ノックアウト】
特定の遺伝子が欠損するように、遺伝子組換えによってゲノムを人工的に変更することです。ノックアウトマウス (knockout mouse) は、遺伝子ノックアウトの技法によって特定遺伝子の機能が無効化されたマウスのことです。

☐ 458　polymerase chain reaction 【ポリメラーゼ連鎖反応】
増幅対象の DNA、DNA 合成酵素および大量のプライマー (オリゴヌクレオチド) を混合し、変性を行うことで、1本鎖部分と相補的な DNA を合成します。微量なサンプルから、核酸情報を短時間で得ることができる手法です。

☐ 459　tag 【標識】
生物実験では、放射性同位元素、蛍光色素、遺伝子マーカーなど、判別同定できる構造や形質を標識として用います。

☐ 460　agarose gel 【アガロースゲル】
一般に核酸の電気泳動法 (electrophoresis) [432] に用いるゲルです。寒天 (agar) [437] を精製したものです。

☐ 461　alkylating agent 【アルキル化剤】
DNA を不可逆修飾する抗悪性腫瘍薬のことです。医学では、癌の治療に用いられる薬物の一種で、細胞の DNA を阻害し、癌細胞の成長を抑制します。

☐ 462　reactive oxygen species 【活性酸素種】
酵素反応の過程で現れる酸素が活性になった化学種で、不安定で強い酸化力を示します。スーパーオキシドアニオンラジカル (superoxide anion radical) および一重項酸素は、酸素原子のみでできた活性酵素種です。

☐ 463　radical scavenger 【ラジカル捕捉剤】
活性酸素や過酸化脂肪酸に由来するフリーラジカル (free radical) を捕捉する物質のことです。

☐ 464　hydrogen peroxide 【過酸化水素】
漂白剤や染料、消毒薬、殺菌剤などに用いられる物質です。

Unit 3 分析 / Analysis

☐ Day 30

Listen 》CD-59

465 ★ analysis
[ənǽləsis]
アナラシS

名 分析、解析
- 複 analyses
- 動 analyze (〜を分析する、解析する)
- 形 analytical (分析的な)

466 ★ phase
[féiz]
フェイZ

名 相、段階、時期、局面、位相、フェーズ
- 例 enter a new phase (新たな段階に入る)、consist of three phases (3つの相から成る)

467 ★ phenomenon
[finámənàn]
フィナマナン

名 現象、事象
- ≒ event (出来事、事象)
- 複 phenomena [finámənə]

468 ★ detect
[ditékt]
ディテKT

動 〜を検出する
- 名 detection (検出)

469 ★ speculate
[spékjulèit]
SペキュレイT

動 推測する
- 名 speculation (推測)
- ⊕ 自動詞でspeculate about 〜 (〜について推測する) の形でよく使うが、that節を直接続ける用法もある。

470 ★ verify
[vérəfài]
ヴェラファイ

動 〜を検証する、〜を立証する
- 名 verification (検証、立証)

471 ★ significance
[signífikəns]
シGニフィカンS

名 有意性、重要性
- 例 significance test (有意性検定)
- 形 significant (有意な)

472 ★ hypothesis
[haipάθəsis]
ハイパθァシS

名 仮説
- 複 hypotheses [haipάθəsìːz]
- 動 hypothesize (仮説を立てる)
- 形 hypothetical (仮説の)

Glossary 465-472
Analysis

□ 465 **analysis**【分析】
物質の構成要素を調べる意味でも使いますが、物質に刺激を与えてその応答を検出し、対象物の性質を明らかにすることをしばしば指します。

□ 466 **phase**【相】
変化していく事物における、認識できる1つの相や面、段階のことです。類義語のaspectは「ある限られた見地からの、特定の段階・環境での様相」を指します。

□ 467 **phenomenon**【現象】
形として現れ、感覚を通じて認識する、状態や過程のことです。さまざまな研究にとって、現象の観察が最初のステップです。

□ 468 **detect**【〜を検出する】
「簡単に見たり聞いたりすることができないものを見つける」という意味の動詞です。自然科学の文脈では、例えば、物質からの微量な情報を「検出する」ことなどを指して使われます。

□ 469 **speculate**【推測する】
未知の事柄について、「あれこれ思索する、沈思する、推測する」ことを意味する動詞です。

□ 470 **verify**【〜を検証する】
実験、調査などによって、ある物事が真実であること、もしくは正確であることを「証明する、立証する」という意味の動詞です。

□ 471 **significance**【有意性】
統計学の用語で、「偶然ではなく、何らかの意味や必然性があってその結果になっていること」を指します。また、「重要さ」や「意義（深さ）」も意味し、historical significance（歴史的意義）のような使い方もします。

□ 472 **hypothesis**【仮説】
ある現象や事実を説明するために立てられる仮の見解で、検証のためにさらなる研究が必要となるものを指します。make a hypothesis that 〜（〜という仮説を立てる）のような使い方もします。

Unit 3

□ Day 30

Listen)) CD-60

□ 473 ★ least squares analysis
[líːst skwéərz ənǽləsis]
リーST / SKウェアーZ / アナラシS

名 最小2乗解析
- 形 least (最小の)　- 名 square (2乗)
- 名 analysis (分析、解析)
- least squares は常に複数形で用いる。

□ 474 ★ coefficient
[kòuifíʃənt]
コウイフィシャンT

名 係数、率
- 例 differential coefficient (微分係数)、coefficient of friction (摩擦係数)

□ 475 ★ exponential
[èkspounénʃəl]
エKSポウネンシャL

形 指数の、指数に関する
- 例 exponential function (指数関数)
- 名 exponent (指数)

□ 476 ★ logarithmic
[lɔ̀ːgəríðmik]
ローガリðミK

形 対数の、対数に関する
- 例 logarithmic function (対数関数)、logarithmic encoding (対数符号化)
- 名 logarithm (対数)

□ 477 ★ standard deviation [SD]
[stǽndərd dìːviéiʃən]
SタンダーD / ディーヴィエイシャン

名 標準偏差
- 形 standard (標準の)
- 名 deviation (逸脱、偏差)

□ 478 ★ difference
[dífərəns]
ディファランS

名 差異
- 例 difference of ~ (~の差異)、difference between A and B (AとBの差異)
- 動 differ (異なる、違う)　形 different (異なる)

□ 479 ★ differential equation　❶発音注意
[dìfərénʃəl ikwéiʒən]
ディファレンシャL / イKウェイジャン

名 微分方程式
- 形 differential (微分の)
- 名 equation (方程式)

□ 480 ★ distribution
[dìstrəbjúːʃən]
ディSTラビューシャン

名 分布
- 例 normal distribution (正規分布)
- 動 distribute (~を分配する、振り分ける)

Glossary 473-480
Analysis

自然科学の共通言語は、英語と数学。専門分野だけでなく、これらにも磨きをかけよう。

☐ 473 least squares analysis 【最小2乗解析】
実測値と予測値（または近似値）の誤差を最小にする手法のことです。

☐ 474 coefficient 【係数】
数学においては、数式の変数に掛けられた定数因子です。物理においては、2つの物理量の間の比例定数です。

☐ 475 exponential 【指数の】
指数関数（exponential function）は、底aのx乗をa^xと表記する関数です。底が自然対数の底e（≒2.72）の場合、これをn乗するときはexp (n)と表記します。

☐ 476 logarithmic 【対数の】
対数関数（logarithmic function）は、指数関数の逆関数です。

☐ 477 standard deviation 【標準偏差】
統計などのばらつきの程度を示す指標です。計算方法は、それぞれの平均値と各データの差を2乗し、合計したもの（分散）の平方根を採ります。2乗することで、偏差が持つ符号の影響を排除し、絶対値を採ることが可能になります。

☐ 478 difference 【差異】
複数のものを区別する「違い」のことです。データの初歩的解析として、処理や反応の前後の違いについて比較（comparison）をします。ただし比較だけでは、その間のプロセスがブラックボックスになっていることを忘れないでください。

☐ 479 differential equation 【微分方程式】
未知関数とその導関数の関係式として書かれている方程式のことです。実験データの解析においては、数値の変化を調べることが多いので、微分方程式を立てることが重要です。

☐ 480 distribution 【分布】
物事や数値などが分かれてあちこちに存在することです。自然科学においては、均一な（homogeneous）状態よりも、分布がある状態が普通です。

Unit 4 学会発表・論文
Presentation and Publication

□ Day 31

Listen 》CD-61

□ 481 ★
graduate school
[grǽdʒuət skúːl]
Gラデュア T / S クー L

名 **大学院**、大学院大学
≒ graduate college
➕ 形 graduate (大学卒業生の)
➕ 名 school (学校)

□ 482 ★ ❶発音注意
postdoctoral fellow
[poustdɑ́ktərəl félou]
ポウ ST ダ K タラ L / フェロウ

名 **博士研究員**、ポスドク
➕ 形 postdoctoral (博士課程修了後の)
➕ 名 fellow (フェロー、研究員)
➕ 口語では postdoc とも言う。

□ 483 ★ ❶発音注意
patent
[pǽtnt]
パ T ン T

名 **特許 (権)**　　形 **特許権を持つ、専売特許の**
動 **〜の特許権を取る、〜に特許を与える**
例 process patent (製法特許)

□ 484 ★
chairperson
[tʃɛ́ərpə̀ːrsn]
チェアーパー S ン

名 **座長**、議長、司会者
動 名 chair (〜の座長を務める、司会をする、座長)

□ 485 ★
informative
[infɔ́ːrmətiv]
インフォーマティ V

形 **有益な**、参考になる
動 inform ([〜に] 情報を与える)
名 information (情報)

□ 486 ★
critical
[krítikəl]
K リティカ L

形 **決定的な**、重大な、批判的な、臨界の
例 critical problems (重大な問題)、critical point (臨界点)

□ 487 ★ ❶発音注意
demonstrate
[démənstrèit]
デマン ST レイ T

動 **〜を論証する**、示す、実演する
名 demonstration (証明、実演)

□ 488 ★ ❶発音注意
summarize
[sʌ́məràiz]
サマライ Z

動 **〜を要約する**
例 To summarize, 〜. (要するに、まとめると、〜である)
名 summary (要約、概要、まとめ) ▶ 例 in summary (要するに、まとめると)

Glossary 481-488
Presentation and Publication

□ 481 graduate school 【大学院】
学士号を超える学位の修得を提供している大学の研究科です。大学院大学は、大学院所属の教員が学部に出向して講義をする大学のことを意味します。

□ 482 postdoctoral fellow 【博士研究員】
博士号 (doctor's degree) 取得後に任期制の職に就いている研究者や、そのポスト自体を指す語です。大学教員などのアカデミック職を目指す場合は、キャリアの中でこれを経験することが普通になってきています。

□ 483 patent 【特許】
権利や権利能力を与える行政上の行為で、一般には、新規の発明をした者に対して与えられる、その発明を一定期間、独占的に実施できる権利に関して使われる語です。新規性や進歩性がある発明かどうかについての審査に基づき付与されます。

□ 484 chairperson 【座長】
かつては座長や司会者を表すのに chairman という語が使われていましたが、性差別を避けるため、近年ではこの語が使われています。単に chair と言う場合もあります。

□ 485 informative 【有益な】
他人の研究や指摘、助言などが、情報に富み参考になることを指してよく使われる形容詞です。似た状況で使われるものに、beneficial (有益な)、helpful (助けになる)、thought-provoking (示唆に富む)、educational (教育的な) などがあります。

□ 486 critical 【決定的な】
物事を左右するほど重大である様子を指します。臨界点 (critical point) とは、物質の気相と液相の相転移が起こる温度および圧力の限界点です。

□ 487 demonstrate 【〜を論証する】
「物事を明示する」ことを意味する動詞で、証拠や実例、実演などで具体的に示すことを含意します。

□ 488 summarize 【〜を要約する】
要点を簡潔にまとめることです。例えば、次のように使うこともできます。
例 The changes are summarized as follows. (その変更は、次のように要約される)

Unit 4

□ Day 31

Listen 》CD-62

□ 489 ★
article
[ɑ́ːrtikl]
アーティKL

名 (フルペーパーの) **論文**
= paper、research paper
● manuscriptは「原稿、草稿」、letterは「速報」。

□ 490 ★
peer review
[píər rivjúː]
ピアー / リ**ヴュ**ー

名 査読、ピアレビュー
● **名** peer (同じ専門分野の人、同輩)
● **名** review (検査、審査) ▶ **名** reviewer (検閲者、査読者) ▶ = referee (審査員)

□ 491 ★
affiliation
[əfìliéiʃən]
アフィリ**エ**イシャン

名 所属 (機関)
● 論文に記載する際に、所属が複数ある場合は、著者名に上付き数字を加えて、その下に数字に対応する所属を記載する。

□ 492 ★
author
[ɔ́ːθər]
オーθァー

名 著者、筆者 **動 ~を著す**
例 instructions for authors (投稿規定)

□ 493 ★
coauthor
[kouɔ́ːθər]
コウ**オ**ーθァー

名 共著者 **動 ~を共同執筆する**
● **名** co-researcher (共同研究者)

□ 494 ★
corresponding author
[kɔ̀ːrəspándiŋ ɔ́ːθər]
コーラS**パ**ンディンG / **オ**ーθァー

名 (論文に関する) **問い合わせ先の著者、責任著者**
● **形** corresponding (通信の、通信担当の)
● **名** author (著者)

□ 495 ★
grant
[grǽnt]
G**ラ**ンT

名 助成金、補助金
例 receive a research grant from ~ (~から研究助成金を受ける)、Grant-in-Aid for Scientific Research (科学研究費補助金 [科研費])

□ 496 ★
submission
[səbmíʃən]
サBミシャン

名 (論文の) **投稿**
動 submit (~を投稿する)

Presentation and Publication

学術論文を投稿するには、プロセスとともに、こういう用語を明確に知っておく必要があるぞ。

□ 489　article【論文】
研究の成果をまとめて論じたもので、多くは学術雑誌での発表を意図して書かれます。「フルペーパー」と言っても、学術雑誌は限られたスペースしかないので、必要最小限の内容が求められています。

□ 490　peer review【査読】
評価対象について専門的・技術的な共通の知識を有する同業者・同僚によって行われる評価や審査です。一般に、評価対象の質を高度な専門的見地に基づいて適切に評価することが必要な場合に行われます。学術論文審査はその典型例と言えます。

□ 491　affiliation【所属】
著者の氏名にはしばしば所属先が併記されます。なお、執筆中に所属が変わった場合は、研究を行った際の所属を記載します。現在の所属は、欄外に present address などとして付記します。

□ 492　author【著者】
研究は複数の研究者により行われるため、論文の著者の決定は難しい場合があります。責任著者は、その検討や決定も行います。

□ 493　coauthor【共著者】
共著者の氏名の掲載順は、論文の内容に対して責任のある順になっていることが多いようです。

□ 494　corresponding author【問い合わせ先の著者】
筆頭著者（first author）と同じ人であるケースもよくありますが、必ずしも一致せず、学術論文などでは＊を付けて示すことが多いようです。通常、著者の中で最初か最後に氏名が掲載され、論文の内容に対して最大の責任を負っています。

□ 495　grant【助成金】
科学研究などを支援する目的で、個人や組織に対し、政府機関や民間の財団などから交付される補助金のことです。

□ 496　submission【投稿】
論文を学術雑誌などに掲載してもらうために提出することです。投稿は通常、責任著者によって、ウェブサイト経由で行われます。

Unit 4

□ Day 32

Listen)) CD-63

□ 497 ★ abstract
[ǽbstrækt]
ア**BST**ラKT

名 抄録、要約、アブストラクト
- 論文の掲載誌によっては、summaryと呼ばれることもある。

□ 498 ★ introduction
[ìntrədʌ́kʃən]
インTラ**ダ**Kシャン

名 序論、緒言、イントロダクション
≒ overview (概要)

□ 499 ★ materials and methods
[mətíəriəlz ənd méθədz]
マ**ティ**アリアLZ / アンD / **メ**θァDZ

名 材料と方法
- **名** material (材料) - **名** method (方法)
- 論文のセクション名として用いる場合は、通常、どちらの名詞も複数形。

□ 500 ★ experimental procedures
[ikspèrəméntl prəsí:dʒərz]
イKSペラ**メ**ンTL / Pラ**シー**ジャーZ

名 実験手順、実験操作
- **形** experimental (実験の) - **名** procedure (手順)
- 論文のセクション名として用いる場合は、通常、複数形。

□ 501 ★ results
[rizʌ́lts]
リ**ザ**LTS

名 結果
- 論文のセクション名として用いる場合は、通常、複数形。

□ 502 ★ discussion
[diskʌ́ʃən]
ディS**カ**シャン

名 考察、議論
動 discuss (〜を議論する)

□ 503 ★ conclusion
[kənklú:ʒən]
カンK**ルー**ジャン

名 結論
- **動** conclude (〜と結論づける、〜を締めくくる)
- 論文のセクション名としては、複数形で用いることも多い。

□ 504 ★ acknowledgements ❶発音注意
[æknɑ́lidʒmənts]
アK**ナ**リジマンTS

名 謝辞
- **動** acknowledge (〜への謝意を示す)
- 論文のセクション名として用いる場合は、通常、複数形。

Presentation and Publication

Glossary 497-504

☐ 497 abstract 【抄録(しょうろく)】
論文の本文の内容を要約した文章、およびその名称です。その論文で行われたこと全般を分かりやすく述べる必要があります。ここで、読者がさらにその論文を読み続けるかどうかが決まると言っても過言ではありません。

☐ 498 introduction 【序論】
論文本文の導入部分、およびその名称です。ここでは、触れておくべき先行研究を簡潔に網羅するとともに、研究の意義付けを明確に行います。

☐ 499 materials and methods 【材料と方法】
論文において、Introduction の直後に置かれることの多いセクションです。ここでは、読者が読んで、イメージを浮かべられるように記述することが重要です。実際に行った順に書く必要はありません。

☐ 500 experimental procedures 【実験手順】
雑誌によっては、Materials and Methods の代わりにこのセクション名が使われます。論文の末尾に来ることもあります。手順がイメージされにくい場合は、フローチャートや略図を加えて、読者が理解しやすくなるよう工夫することが必要です。

☐ 501 results 【結果】
論文において、実験や観察の結果を示したセクションのことです。結果を記述する際には、簡潔で比較的定型的な表現が多用されるので、まずは過去の論文の表現をまねながら練習しましょう。

☐ 502 discussion 【考察】
論文において、実験などで得られた結果の意味を考察しているセクションの名称です。雑誌によっては、results and discussion として、結果と一緒に提示する場合もありますが、生命科学系の雑誌では別々になっていることが多いようです。

☐ 503 conclusion 【結論】
論文の最後に示す、考察によって得られた結論、およびそれが述べられたセクションです。Abstract の単なる言い換えにならないように、この論文において、何が新しくて波及効果があるのかを簡潔に書くことが必要です。

☐ 504 acknowledgements 【謝辞】
研究や論文執筆に協力してくれた個人や団体などへの謝意表明のためのセクションです。複数の連名著者のうち、特定の著者からの謝辞として示す際には、その著者のイニシャルを併記します。

Unit 4

□ Day 32

Listen))) CD-64

□ 505 ★ reference
[réfərəns]
レファランS

- 名 参考文献、リファレンス
- 例 cited references (引用文献)
- 動 refer to ~ (~を参照する、~を引用する)
- ⊕ 「引用」はcitationで表す。

□ 506 ★ figures and tables
[fígjərz ənd téiblz]
フィギャーZ / アンD / テイBLZ

- 名 図表
- ⊕ 名 figure (図)   ⊕ 名 table (表)
- 例 論文のセクション名や見出しとして用いる場合は、通常、どちらの名詞も複数形。

□ 507 ★ legend ❶発音注意
[lédʒənd]
レジャンD

- 名 図の説明文
- ≒ caption (短い説明文)

□ 508 ★ supplemental
[sÀpləméntl]
サプラメンTL

- 形 補足の、追加の   名 補足(された物)
- = supplementary
- 例 supplemental data (補足的データ)

□ 509 ★ revise
[riváiz]
リヴァイZ

- 動 ~を修正する、改訂する
- 例 revised version (改訂版)
- 名 revision (改訂、修正)

□ 510 conflict of interest
[kánflikt əv íntərəst]
カンFリKT / アV / インタラST

- 名 利益相反
- ⊕ 名 conflict (対立)
- ⊕ 名 interest (利益)

□ 511 ★ copyright
[kápiràit]
カピライT

- 名 著作権、版権   形 著作権所有の
- 動 ~を著作権で保護する
- 例 copyright holder (著作権所有者)、copyright protection (著作権保護)

□ 512 ★ impact factor [IF]
[ímpækt fæktər]
イMパKT / ファKター

- 名 インパクトファクター
- ⊕ 名 impact (影響、影響力)
- ⊕ 名 factor (係数、率)

Glossary 505-512
Presentation and Publication

論文用語をマスターしたら、次はいよいよ発信! 今までの学習を生かそう。お疲れさま!

☐ 505 reference【参考文献】
References の形で、論文の巻末に掲載する文献リストを示します。原著論文 (original research paper) を学術雑誌に投稿する際は、総説 (review) の場合と違い、必要十分な量 (特に多過ぎないこと) と適切な形式が要求されます。

☐ 506 figures and tables【図表】
figure は写真やイラスト、グラフなどで、table は行と列から成る表です。原著論文を学術雑誌に投稿する際は、図と表を合わせて10個以内にすることを心掛けましょう。雑誌のスペースは限られており、常に必要最小限の量が求められます。

☐ 507 legend【図の説明文】
説明文は、雑誌においては図の下などに掲載されることが多いのですが、投稿時には、引用文献 (references) の後にまとめるのが普通です。

☐ 508 supplemental【補足の】
投稿した論文の審査、あるいは掲載の際に、原著の内容をより明確化するために補足として加える、本文中には掲載されないデータや動画などのことです。

☐ 509 revise【~を修正する】
論文を投稿し査読 (peer review) [490] を受けた後、査読者のコメントを基に原文を修正することです。なお、論文を受理することは accept、論文を雑誌で発表することは publish を用いて表します。「印刷中」は in press です。

☐ 510 conflict of interest【利益相反】
一方に対して利益 (interest) になる行為が、他方に対しては不利益になることです。

☐ 511 copyright【著作権】
学術雑誌に原著論文を投稿し掲載されると、著作権は多くの場合、その雑誌に帰属します。

☐ 512 impact factor【インパクトファクター】
インターネット上の学術データベース Web of Science に収録された学術雑誌の、「平均的な論文」の被引用回数のことです。主に、自然科学や社会科学分野の学術雑誌の影響力を測る指標として用いられています。

Review Quiz 4

[401-512]

日本語の文の色文字部分を英語にして（　　）に補い、英文を完成させましょう。

---

❶生物情報学の計算とモデル化の力は、遺伝学における大きな躍進へとつながってきた。

The computational and modeling power of (　　　　　) has led to great breakthroughs in (　　　　　).

❷電気泳動の後で、臨床学者たちは潜伏性の鎌状赤血球貧血の予兆となり得る遺伝子を探した。

After (　　　　　), the clinicians looked for genes that might signal latent sickle-cell anemia.

❸研究者たちは真菌をシャーレで培養し、成長のパターンを書き留めた。

The researchers (　　　　　) fungi in petri dishes and took notes on growth patterns.

❹その教授は大量の科学的データによって、自説を検証した。

The professor (　　　　　) his theory through a large volume of scientific data.

❺その大学院生は、遺伝子組換え食品についての新しい仮説を展開しつつある。

The graduate student is developing a new (　　　　　) on genetically modified foods.

❻感染細胞の分布は１つの狭い領域に集中しており、そのことで治療が容易になった。

The ( ) of the infected cells was centered in one small area, allowing for easier treatment.

❼彼らは、その新薬に関心のある研究者たちにとって有益な発表を行った。

They made an ( ) presentation to researchers interested in the new drug.

❽その教授はクローニングに関する自分の論文を、高名な科学雑誌に投稿した。

The professor made a ( ) of his ( ) on cloning to a prestigious science journal.

❾盗用の嫌疑が掛かるのを避けるため、リポートの最終ページに全ての参考文献をリストで示しなさい。

List all ( ) in the final pages of your report, to avoid charges of plagiarism.

❿読者は、彼の最新のオンライン論文への補足的統計資料を、末尾のリンクをクリックすれば見つけられる。

Readers can find ( ) statistics to his latest online paper by clicking the Web links at the end.

Review Quiz 4 解答と解説
[401-512]

❶ bioinformatics [411]、genetics [415]
▶ bioinformatics（生物情報学）は、コンピューターで大量のデータを解析することによって数学的モデルを作り、生命現象を研究する分野。breakthrough は「飛躍的な進歩」。

❷ electrophoresis [432]
▶ clinician は「臨床医、臨床医学研究者」。latent は「潜在の、潜伏性の」。sickle-cell anemia は「鎌状赤血球貧血」で、sickle-cell disease（鎌状赤血球症）とも呼ばれる。

❸ incubated [436]
▶ fungi は fungus（真菌）の複数形。petri dish（ペトリ皿、シャーレ）は、菌の培養に使われる浅くて円いふた付きの皿。

❹ verified [470]
▶ verify は、調査や実験などによって、（仮説や計算などが）正しいかどうか確かめることを表す。なお、data は本来は datum の複数形だが、単数扱いになることもある。

❺ hypothesis [472]
▶ graduate student は「大学院生」。ここでの graduate は「学士号を受けた、大学卒業生の」を表す形容詞。genetically modified は「遺伝子組換えの」を表す。

❻ distribution [480]
▶ be centered in 〜は「〜に集中している」、allow for 〜は「〜を可能にする」をそれぞれ表す。

❼ informative [485]
▶ informative は「知識・情報を提供してくれる、有益な」の意。「発表を行う」は make a presentation または give a presentation で表す。

❽ submission [496]、article [489]
▶ make a submission of 〜は「〜の投稿を行う」。動詞 submit（〜を投稿する）を使っても表せる。「論文」は article の代わりに paper で表してもよい。

❾ references [505]
▶「全てをリスト化する」という文脈なので、references と複数形にすることに注意。plagiarism は「盗用、剽窃」のこと。

❿ supplemental [508]
▶ supplemental は「補足の、追加の」を表す形容詞。論文中では supplemental information（補足情報）、supplemental data（補足データ）などの形でよく使われる。

付録

数学基本用語集
▶ p.154-155

単位リスト
▶ p.156-157

元素名・記号リスト
▶ p.158-160

数学基本用語集

	用語	意味
A	absolute value / modulus	絶対値
	addition	加法
	approximation	近似（値）、概算
	arbitrary constant	任意定数
B	base	（対数や指数の）底
C	calculus	微積分
	coefficient	係数、率
	common divisor / common factor	公約数
	common multiple	公倍数
	complex number	複素数
	congruent	合同の
	constant	定数
	continuous function	連続関数
	coordinate	座標
	correlation coefficient	相関係数
	cosine	余弦、コサイン
	cube	立方
	cubic root	立方根
D	decimal	小数
	definite integral	定積分
	denominator	分母
	derived function / derivative	導関数
	deviation	偏差
	difference	差
	differential	微分
	differential equation	微分方程式
	differentiate	〜を微分する
	disjoint	互いに素の
	division	除法
	domain	定義域
E	equality	等式
	equation	方程式
	even number	偶数
	exponential function	指数関数
F	factor	因数、〜を因数分解する
	fraction	分数
	function	関数
G	general solution	一般解
	greatest common divisor	最大公約数
H	hyperbola	双曲線
I	identity	恒等式
	imaginary number	虚数
	indefinite integral	不定積分
	inequality	不等式
	infinity	無限大
	integer	整数
	integral	積分

	用語	意味
I	integrate	～を積分する
	irrational number	無理数
L	least common multiple	最小公倍数
	linear equation	1次方程式
	logarithmic function	対数関数
	logic	論理
M	matrix	行列
	maximal value / maximum	極大値、最大値
	median	中線、中点、中央値
	minimal value / minimum	極小値、最小値
	multiplication	乗法
N	natural number	自然数
	negative	負(の)
	numerator	分子
	numerical	数の、数字の
O	odd number	奇数
	operation	演算
P	partial differential equation	偏微分方程式
	percentile	百分位数
	polar coordinate	極座標
	polynomial	多項式
	positive	正(の)
	power	累乗
	prime factor	素因数
	prime number	素数
	product	積
	progression	(等差[等比])数列
	proportion	割合、比、比例
Q	quadratic equation	2次方程式
	quotient	商
R	radical (sign)	根号
	ratio	比
	rational number	有理数
	real number	実数
	residue	剰余
	root	根
S	sign	符号
	simultaneous equations	連立方程式
	sine	正弦、サイン
	solution	解
	square	平方
	square root	平方根
	subtraction	減法
	sum	和
T	tangent	正接、タンジェント、接線
	trigonometric function	三角関数
V	variable	変数
	vector	ベクトル
X	x-axis	x軸
Y	y-axis	y軸

単位リスト

SI 基本単位 (The International System of Units)

日本語	記号	英語	測定対象
アンペア	A	ampere	電流
カンデラ	cd	candela	光度
キログラム	kg	kilogram	質量
ケルビン	K	kelvin	熱力学的温度（絶対温度）
秒	s	second	時間
メートル	m	meter	長さ
モル	mol	mole	物質量

SI を基に組み立てた単位 (SI 組立単位) の例

日本語	記号	英語	測定対象
グラム	g	gram	質量
フェムトメートル	fm	femtometer	（原子核などの）長さ
マイクロアンペア	μA	microampere	電流

固有の名称を持つ SI 組立単位

日本語	記号	英語	測定対象
ウェーバ	Wb	weber	磁束
オーム	Ω	ohm	電気抵抗
カタール	kat	katal	酵素活性
クーロン	C	coulomb	電気量
グレイ	Gy	gray	吸収線量
シーベルト	Sv	sievert	線量当量
ジーメンス	S	siemens	コンダクタンス
ジュール	J	joule	エネルギー、仕事、熱量、電力量
ステラジアン	sr	steradian	立体角
セルシウス度	℃	degree Celsius	温度
テスラ	T	tesla	磁束密度
ニュートン	N	newton	力
パスカル	Pa	pascal	圧力、応力
ファラド	F	farad	静電容量
ベクレル	Bq	becquerel	放射能
ヘルツ	Hz	hertz	周波数
ヘンリー	H	henry	インダクタンス
ボルト	V	volt	電圧、電位差、起電力
ラジアン	rad	radian	平面角
ルーメン	lm	lumen	光束

日本語	記号	英語	測定対象
ルクス	lx	lux	照度
ワット	W	watt	仕事率、電力

SI以外の単位の例

日本語	記号	英語	測定対象
アール	a	are	面積
オングストローム	Å	angstrom	（原子や電磁波などの）長さ
カ氏	°F	degree Fahrenheit	温度
カロリー	cal	calorie	（熱）エネルギー
電子ボルト	eV	electron volt	エネルギー
統一原子質量単位[ダルトン]	u [Da]	unified atomic mass unit [dalton]	原子の質量
トン	t	ton	質量
バール	bar	bar	圧力
ピーエイチ、ペーハー	pH	pH	酸性・アルカリ性の度合い
ピーピーエム	ppm	parts per million	濃度、物質量
ベル	B	bel	強度の比
マグニチュード	M	magnitude	地震の規模
リットル	l	liter	体積

SI接頭辞

10^n	数字の英語表記	接頭辞	記号	カタカナ
10^{24}	septillion	yotta	Y	ヨタ
10^{21}	sextillion	zetta	Z	ゼタ
10^{18}	quintillion	exa	E	エクサ
10^{15}	quadrillion	peta	P	ペタ
10^{12}	trillion	tera	T	テラ
10^9	billion	giga	G	ギガ
10^6	million	mega	M	メガ
10^3	thousand	kilo	k	キロ
10^2	hundred	hecto	h	ヘクト
10^1	ten	deca / deka	da	デカ
10^{-1}	one-tenth	deci	d	デシ
10^{-2}	one-hundredth	centi	c	センチ
10^{-3}	one-thousandth	milli	m	ミリ
10^{-6}	one-millionth	micro	μ	マイクロ
10^{-9}	one-billionth	nano	n	ナノ
10^{-12}	one-trillionth	pico	p	ピコ
10^{-15}	one-quadrillionth	femto	f	フェムト
10^{-18}	one-quintillionth	atto	a	アト
10^{-21}	one-sextillionth	zepto	z	ゼプト
10^{-24}	one-septillionth	yocto	y	ヨクト

元素名・記号リスト

元素番号	元素	発音	元素記号	和名
1	hydrogen	[háidrədʒən]	H	水素
2	helium	[híːliəm]	He	ヘリウム
3	lithium	[líθiəm]	Li	リチウム
4	beryllium	[bəríliəm]	Be	ベリリウム
5	boron	[bɔ́ːrɑn]	B	ホウ素
6	carbon	[káːrbən]	C	炭素
7	nitrogen	[náitrədʒən]	N	窒素
8	oxygen	[ɑ́ksidʒən]	O	酸素
9	fluorine	[flúəriːn]	F	フッ素
10	neon	[níːɑn]	Ne	ネオン
11	sodium	[sóudiəm]	Na	ナトリウム
12	magnesium	[mæɡníːziəm]	Mg	マグネシウム
13	aluminum	[əlúːmənəm]	Al	アルミニウム
14	silicon	[sílikən]	Si	ケイ素
15	phosphorus	[fásfərəs]	P	リン
16	sulfur	[sʌ́lfər]	S	硫黄
17	chlorine	[klɔ́ːriːn]	Cl	塩素
18	argon	[áːrɡɑn]	Ar	アルゴン
19	potassium	[pətǽsiəm]	K	カリウム
20	calcium	[kǽlsiəm]	Ca	カルシウム
21	scandium	[skǽndiəm]	Sc	スカンジウム
22	titanium	[taitéiniəm]	Ti	チタン
23	vanadium	[vənéidiəm]	V	バナジウム
24	chromium	[króumiəm]	Cr	クロム
25	manganese	[mǽŋɡəniːs]	Mn	マンガン
26	iron	[áiərn]	Fe	鉄
27	cobalt	[kóubɔːlt]	Co	コバルト
28	nickel	[níkəl]	Ni	ニッケル
29	copper	[kápər]	Cu	銅
30	zinc	[zíŋk]	Zn	亜鉛
31	gallium	[ɡǽliəm]	Ga	ガリウム
32	germanium	[dʒərméiniəm]	Ge	ゲルマニウム
33	arsenic	[áːrsənik]	As	ヒ素
34	selenium	[silíːniəm]	Se	セレン
35	bromine	[bróumiːn]	Br	臭素
36	krypton	[kríptɑn]	Kr	クリプトン
37	rubidium	[ruːbídiəm]	Rb	ルビジウム
38	strontium	[stránʃiəm]	Sr	ストロンチウム

元素番号	元素	発音	元素記号	和名
39	yttrium	[ítriəm]	Y	イットリウム
40	zirconium	[zəːrkóuniəm]	Zr	ジルコニウム
41	niobium	[naióubiəm]	Nb	ニオブ
42	molybdenum	[məlíbdənəm]	Mo	モリブデン
43	technetium	[tekníːʃiəm]	Tc	テクネチウム
44	ruthenium	[ruːθíːniəm]	Ru	ルテニウム
45	rhodium	[róudiəm]	Rh	ロジウム
46	palladium	[pəléidiəm]	Pd	パラジウム
47	silver	[sílvər]	Ag	銀
48	cadmium	[kǽdmiəm]	Cd	カドミウム
49	indium	[índiəm]	In	インジウム
50	tin	[tín]	Sn	スズ
51	antimony	[ǽntəmòuni]	Sb	アンチモン
52	tellurium	[telúəriəm]	Te	テルル
53	iodine	[áiədàin]	I	ヨウ素
54	xenon	[zíːnan]	Xe	キセノン
55	cesium	[síːziəm]	Cs	セシウム
56	barium	[bɛ́əriəm]	Ba	バリウム
57	lanthanum	[lǽnθənəm]	La	ランタン
58	cerium	[síəriəm]	Ce	セリウム
59	praseodymium	[prèizioudímiəm]	Pr	プラセオジム
60	neodymium	[nìːoudímiəm]	Nd	ネオジム
61	promethium	[prəmíːθiəm]	Pm	プロメチウム
62	samarium	[səmɛ́əriəm]	Sm	サマリウム
63	europium	[juəróupiəm]	Eu	ユウロピウム
64	gadolinium	[gædəlíniəm]	Gd	ガドリニウム
65	terbium	[tə́ːrbiəm]	Tb	テルビウム
66	dysprosium	[dispróusiəm]	Dy	ジスプロシウム
67	holmium	[hóulmiəm]	Ho	ホルミウム
68	erbium	[ə́ːrbiəm]	Er	エルビウム
69	thulium	[θjúːliəm]	Tm	ツリウム
70	ytterbium	[itə́ːrbiəm]	Yb	イッテルビウム
71	lutetium	[luːtíːʃiəm]	Lu	ルテチウム
72	hafnium	[hǽfniəm]	Hf	ハフニウム
73	tantalum	[tǽntələm]	Ta	タンタル
74	tungsten	[tʌ́ŋstən]	W	タングステン
75	rhenium	[ríːniəm]	Re	レニウム
76	osmium	[ázmiəm]	Os	オスミウム
77	iridium	[irídiəm]	Ir	イリジウム
78	platinum	[plǽtənəm]	Pt	白金

元素番号	元素	発音	元素記号	和名
79	gold	[góuld]	Au	金
80	mercury	[mə́ːrkjuri]	Hg	水銀
81	thallium	[θæliəm]	Tl	タリウム
82	lead	[léd]	Pb	鉛
83	bismuth	[bízməθ]	Bi	ビスマス
84	polonium	[pəlóuniəm]	Po	ポロニウム
85	astatine	[ǽstətìːn]	At	アスタチン
86	radon	[réidɑn]	Rn	ラドン
87	francium	[frǽnsiəm]	Fr	フランシウム
88	radium	[réidiəm]	Ra	ラジウム
89	actinium	[æktíniəm]	Ac	アクチニウム
90	thorium	[θɔ́ːriəm]	Th	トリウム
91	protactinium	[pròutæktíniəm]	Pa	プロトアクチニウム
92	uranium	[juəréiniəm]	U	ウラン
93	neptunium	[neptjúːniəm]	Np	ネプツニウム
94	plutonium	[pluːtóuniəm]	Pu	プルトニウム
95	americium	[æ̀məríʃiəm]	Am	アメリシウム
96	curium	[kjúəriəm]	Cm	キュリウム
97	berkelium	[bərkíːliəm]	Bk	バークリウム
98	californium	[kæ̀ləfɔ́ːrniəm]	Cf	カリホルニウム
99	einsteinium	[ainstáiniəm]	Es	アインスタイニウム
100	fermium	[fə́ːrmiəm]	Fm	フェルミウム
101	mendelevium	[mèndəlíːviəm]	Md	メンデレビウム
102	nobelium	[noubéliəm]	No	ノーベリウム
103	lawrencium	[lɔːrénsiəm]	Lr	ローレンシウム
104	rutherfordium	[rʌ̀ðərfɔ́ːrdiəm]	Rf	ラザホージウム
105	dubnium	[dʌ́bniəm]	Db	ドブニウム
106	seaborgium	[sìːbɔ́ːrgiəm]	Sg	シーボーギウム
107	bohrium	[bɔ́ːriəm]	Bh	ボーリウム
108	hassium	[hǽsiəm]	Hs	ハッシウム
109	meitnerium	[máitnəriəm]	Mt	マイトネリウム
110	darmstadtium	[dàːrmstǽtiəm]	Ds	ダームスタチウム
111	roentgenium	[rentgéniəm]	Rg	レントゲニウム
112	copernicium	[coupəːrnísiəm]	Cn	コペルニシウム
113	ununtrium	[ʌ̀nʌ́ntriəm]	Uut	ウンウントリウム
114	flerovium	[fleróuviəm]	Fl	フレロビウム
115	ununpentium	[ʌ̀nənpéntiəm]	Uup	ウンウンペンチウム
116	livermorium	[lìvərmóuriəm]	Lv	リバモリウム
117	ununseptium	[ʌ̀nənséptiəm]	Uus	ウンウンセプチウム
118	ununoctium	[ʌ̀nənɑ́ktiəm]	Uuo	ウンウンオクチウム

INDEX

英語索引（アルファベット順）
▶ p.162-167

日本語索引（五十音順）
▶ p.168-173

＊それぞれの語の右側にある数字は、見出し語の番号を表しています。

English Index
英語索引

A

- [ ] abstract — 497
- [ ] acetate — 123
- [ ] acetylation — 095
- [ ] acidic — 443
- [ ] acknowledgements — 504
- [ ] activate — 153
- [ ] activation — 288
- [ ] activator — 301
- [ ] acute — 357
- [ ] adaptation — 320
- [ ] adenine [A] — 209
- [ ] adhesion — 296
- [ ] adipocyte — 039
- [ ] adjuvant — 352
- [ ] ADP — 213
- [ ] affiliation — 491
- [ ] agar — 437
- [ ] agarose gel — 460
- [ ] agonist — 343
- [ ] alanine [Ala、A] — 106
- [ ] albumin — 388
- [ ] alignment — 201
- [ ] alkaline — 444
- [ ] alkylating agent — 461
- [ ] allele — 239
- [ ] allergy — 370
- [ ] allosteric — 136
- [ ] Alzheimer disease — 374
- [ ] amino acid [AA] — 082
- [ ] amino terminus [N terminus] — 083
- [ ] amylase — 141
- [ ] analysis — 465
- [ ] annotation — 290
- [ ] antagonist — 344
- [ ] antibiotic resistance — 379
- [ ] antibody — 330
- [ ] anticodon — 282
- [ ] antigen — 329
- [ ] anti-sense strand — 268
- [ ] apoptosis — 080
- [ ] apparatus — 418
- [ ] arginine [Arg、R] — 100
- [ ] arrest — 293
- [ ] article — 489
- [ ] artificial insemination — 395
- [ ] asparagine [Asn、N] — 097
- [ ] assay — 289
- [ ] ATP — 214
- [ ] ATPase — 140
- [ ] author — 492
- [ ] autoimmunity — 340
- [ ] autonomic imbalance — 372
- [ ] axon — 309

B

- [ ] bacteria — 009
- [ ] base pair [bp] — 197
- [ ] binding site — 134
- [ ] biochemistry — 403
- [ ] bioinformatics — 411
- [ ] biology — 401
- [ ] biophysics — 412
- [ ] biotechnology — 402
- [ ] blot — 234
- [ ] bone marrow — 322

C

- [ ] cAMP — 216
- [ ] cancer — 381
- [ ] capillary column — 430
- [ ] carbohydrate — 113
- [ ] carboxyl terminus [C terminus] — 084
- [ ] catalyst [cat.] — 131
- [ ] catalytic site — 135
- [ ] cell adhesion — 071
- [ ] cell biology — 405
- [ ] cell cycle — 026
- [ ] cell division — 025
- [ ] cell line — 072
- [ ] cell membrane — 047
- [ ] cell proliferation — 027
- [ ] cell wall — 043
- [ ] cellular immunity — 338
- [ ] cellulose — 118
- [ ] central dogma — 164
- [ ] central nervous system [CNS] — 305
- [ ] centrifugation — 451
- [ ] centrosome — 059
- [ ] cerebral death — 399
- [ ] cerebrum — 306
- [ ] chairperson — 484
- [ ] chemotherapy — 398
- [ ] chloroplast — 067
- [ ] cholesterol — 125
- [ ] chromatin — 054
- [ ] chromatography — 455
- [ ] chromosome — 177
- [ ] chronic — 358
- [ ] clinical — 385
- [ ] cloning — 241
- [ ] cluster — 256
- [ ] coauthor — 493
- [ ] coding region — 162
- [ ] codon — 221
- [ ] coefficient — 474

- ☐ coenzyme 130
- ☐ colony 255
- ☐ competent 174
- ☐ complement 332
- ☐ complementary DNA [cDNA] 206
- ☐ complementation 205
- ☐ concentration 156
- ☐ conclusion 503
- ☐ conflict of interest 510
- ☐ confocal laser microscope 421
- ☐ conical flask 425
- ☐ consensus sequence 173
- ☐ copyright 511
- ☐ cord blood 397
- ☐ core enzyme 276
- ☐ core promoter 298
- ☐ corresponding author 494
- ☐ cortex 014
- ☐ critical 486
- ☐ cysteine [Cys、C] 111
- ☐ cytoplasm 044
- ☐ cytosine [C] 212
- ☐ cytoskeleton 046
- ☐ cytosol 045
- ☐ cytotoxic T cell 327

D

- ☐ damage 261
- ☐ deamination 152
- ☐ defect 262
- ☐ dehydration 362
- ☐ demonstrate 487
- ☐ denature 157
- ☐ deoxyribonucleic acid [DNA] 194
- ☐ deoxyribose 195
- ☐ depression 373
- ☐ detect 468
- ☐ development 017
- ☐ developmental biology 406
- ☐ diabetes mellitus 368
- ☐ difference 478
- ☐ differential equation 479
- ☐ dilute 440
- ☐ discussion 502
- ☐ disorder 354
- ☐ disruption 263
- ☐ dissection 295
- ☐ dissociation 235
- ☐ distribution 480
- ☐ disulfide bond 090
- ☐ DNA polymerase 146
- ☐ DNA sequence 198
- ☐ double helix 202
- ☐ double-strand break [DSB] 259
- ☐ double-stranded 204
- ☐ downstream 280
- ☐ dyspnea 364

E

- ☐ editing 187
- ☐ effector mechanism 341
- ☐ electrophoresis 432
- ☐ electroporation 453
- ☐ elongation 292
- ☐ embryo 019
- ☐ embryogenesis 021
- ☐ encode 078
- ☐ endocytosis 075
- ☐ endoderm 023
- ☐ endonuclease 148
- ☐ endosome 066
- ☐ enhancer 299
- ☐ enzyme 129
- ☐ epidermis 016
- ☐ epithelial cell 036
- ☐ epithelium 015
- ☐ equilibrium 030
- ☐ ES cell 391
- ☐ *Escherichia coli* [*E. coli*] 378
- ☐ euchromatin 179
- ☐ eukaryote 003
- ☐ eukaryotic cell 042
- ☐ evolution 007
- ☐ evolutionary biology 407
- ☐ exocytosis 074
- ☐ exon 222
- ☐ exonuclease 147
- ☐ experimental procedures 500
- ☐ exponential 475
- ☐ express 175
- ☐ extracellular 032
- ☐ extract 447

F

- ☐ fatty acid 122
- ☐ fibroblast 038
- ☐ figures and tables 506
- ☐ filament 013
- ☐ flagellum 070
- ☐ fluorescence 433
- ☐ fluorescence microscope 420
- ☐ focus 356
- ☐ frameshift mutation 253
- ☐ fusion 076

G

- [ ] ganglion cell — 316
- [ ] gene — 163
- [ ] gene amplification — 245
- [ ] gene expression — 176
- [ ] gene knockout — 457
- [ ] gene silencing — 246
- [ ] gene therapy — 396
- [ ] genetic diagnosis — 393
- [ ] genetics — 415
- [ ] genome — 161
- [ ] genotype — 169
- [ ] germ — 020
- [ ] germ cell — 035
- [ ] glia — 315
- [ ] glucose — 117
- [ ] glutamine [Gln、Q] — 098
- [ ] glycerol — 124
- [ ] glycine [Gly、G] — 105
- [ ] glycolipid — 126
- [ ] glycoprotein — 119
- [ ] glycosidic linkage — 120
- [ ] glycosylation — 094
- [ ] Golgi apparatus — 060
- [ ] graduate school — 481
- [ ] graft — 349
- [ ] grant — 495
- [ ] green fluorescent protein [GFP] — 092
- [ ] GTP — 215
- [ ] guanine [G] — 211

H

- [ ] heavy chain — 334
- [ ] hepatocyte — 040
- [ ] heterochromatin — 178
- [ ] heterozygote — 168
- [ ] histidine [His、H] — 103
- [ ] histone — 181
- [ ] homeodomain — 277
- [ ] homologous — 226
- [ ] homozygote — 167
- [ ] host — 348
- [ ] human leukocyte antigen — 333
- [ ] humoral immunity — 337
- [ ] hybrid — 172
- [ ] hybridization — 450
- [ ] hydrogen peroxide — 464
- [ ] hydrolysis — 439
- [ ] hydrophilic — 159
- [ ] hydrophobic — 160
- [ ] hypertension — 367
- [ ] hypothesis — 472

I

- [ ] immune response — 339
- [ ] immune system — 321
- [ ] immunization — 350
- [ ] immunofluorescence — 456
- [ ] immunoglobulin [Ig] — 331
- [ ] immunohistochemistry — 351
- [ ] immunology — 414
- [ ] impact factor [IF] — 512
- [ ] impairment — 355
- [ ] in vitro — 231
- [ ] in vitro fertilization — 394
- [ ] in vivo — 232
- [ ] incubate — 436
- [ ] inducer — 018
- [ ] induction — 287
- [ ] infection — 345
- [ ] infertility — 376
- [ ] inflammation — 361
- [ ] influenza — 369
- [ ] informative — 485
- [ ] inherited — 165
- [ ] inhibit — 154
- [ ] initiation — 291
- [ ] initiator — 302
- [ ] injection — 442
- [ ] insert — 230
- [ ] insertion mutation — 254
- [ ] intermediate filament — 069
- [ ] intracellular — 031
- [ ] introduction — 498
- [ ] intron — 223
- [ ] inversion — 258
- [ ] iPS cell — 392
- [ ] irradiation — 260
- [ ] isomerization — 272

K

- [ ] kinase — 137

L

- [ ] laboratory — 417
- [ ] lagging strand — 208
- [ ] leading strand — 207
- [ ] least squares analysis — 473
- [ ] legend — 507
- [ ] lethal — 359
- [ ] leucine [Leu、L] — 108
- [ ] leukocyte — 323
- [ ] library — 240
- [ ] ligand — 342
- [ ] ligase — 139
- [ ] light chain — 335
- [ ] light microscope — 419
- [ ] lipid — 121
- [ ] lipid bilayer — 048

- [ ] localization — 158
- [ ] logarithmic — 476
- [ ] luciferase — 142
- [ ] lymphocyte — 324
- [ ] lysate — 446
- [ ] lysine [Lys、K] — 099
- [ ] lysosome — 064

M

- [ ] macrophage — 328
- [ ] magnification — 434
- [ ] malignant — 382
- [ ] materials and methods — 499
- [ ] maturation — 028
- [ ] measuring cylinder — 426
- [ ] mediator — 303
- [ ] medium — 438
- [ ] meiosis — 184
- [ ] mesenchymal cell — 037
- [ ] messenger RNA [mRNA] — 218
- [ ] metabolism — 029
- [ ] metastasis — 383
- [ ] methionine [Met、M] — 112
- [ ] methylation — 096
- [ ] micelle — 128
- [ ] microarray — 431
- [ ] microfilament — 068
- [ ] microtome — 424
- [ ] microtubule — 063
- [ ] mitochondria — 058
- [ ] mitosis — 183
- [ ] modification — 238
- [ ] modulation — 248
- [ ] molecular biology — 404
- [ ] molecular chaperone — 088
- [ ] molecule — 087
- [ ] monosaccharide — 114
- [ ] morphogenesis — 022
- [ ] multicellular organism — 004
- [ ] mutagenesis — 251
- [ ] mutant — 250
- [ ] mutation — 249

N

- [ ] nascent — 283
- [ ] necrosis — 363
- [ ] nerve — 307
- [ ] neurogenesis — 313
- [ ] neurology — 409
- [ ] neuron — 308
- [ ] nuclear membrane — 052
- [ ] nuclear pore — 053
- [ ] nucleic acid — 193
- [ ] nucleolus — 051
- [ ] nucleosome — 180
- [ ] nucleotide — 199
- [ ] nucleus — 050

O

- [ ] oligosaccharide — 116
- [ ] onset — 360
- [ ] open reading frame [ORF] — 281
- [ ] operon — 269
- [ ] optical — 435
- [ ] organ — 012
- [ ] organelle — 049
- [ ] organism — 001

P

- [ ] patent — 483
- [ ] pathogen — 377
- [ ] pathology — 416
- [ ] peer review — 490
- [ ] peptide bond — 089
- [ ] peroxisome — 065
- [ ] phase — 466
- [ ] phenomenon — 467
- [ ] phenotype — 170
- [ ] phosphatase — 144
- [ ] phosphate — 200
- [ ] phosphate buffered saline [PBS] — 445
- [ ] phospholipid — 127
- [ ] phosphoric acid — 196
- [ ] phosphorylation — 093
- [ ] physiology — 410
- [ ] pipet — 427
- [ ] plant physiology — 413
- [ ] plasma cell — 325
- [ ] plasmid — 228
- [ ] pneumonia — 365
- [ ] point mutation — 252
- [ ] polymerase chain reaction [PCR] — 458
- [ ] polymorphism — 171
- [ ] polypeptide — 085
- [ ] polysaccharide — 115
- [ ] postdoctoral fellow — 482
- [ ] precursor — 233
- [ ] primer — 229
- [ ] prion disease — 375
- [ ] progeny — 008
- [ ] prokaryote — 002
- [ ] prokaryotic cell — 041
- [ ] proline [Pro、P] — 109
- [ ] promoter — 297
- [ ] proofreading — 285
- [ ] protease — 143
- [ ] protein — 081
- [ ] protein domain — 091
- [ ] proteolysis — 151

何語クリアできましたか？ 1 ☐   2 ☐

□ purification	441

R

□ radical scavenger	463
□ reactive oxygen species [ROS]	462
□ rearrangement	243
□ recombinant DNA technology	244
□ recombination	242
□ recurrence	384
□ reference	505
□ regeneration	024
□ regeneration medicine	390
□ remodeling	286
□ repair	264
□ replication	185
□ replicon	225
□ repressor	300
□ response element	273
□ restriction enzyme	145
□ results	501
□ reverse transcriptase	149
□ reverse transcription	271
□ revise	509
□ ribonucleic acid [RNA]	217
□ ribosomal RNA [rRNA]	219
□ ribosome	057
□ rough endoplasmic reticulum [RER]	061

S

□ scale	429
□ scanning electron microscope [SEM]	422
□ SDS-gel electrophoresis	452
□ secrete	077
□ secretory vesicle	056
□ segregate	166
□ seizure	371
□ sense strand	267
□ sensitivity	318
□ sensory nerve	312
□ serine [Ser、S]	101
□ serum	387
□ signaling	079
□ significance	471
□ single-stranded	203
□ smooth endoplasmic reticulum [SER]	062
□ somatic cell	033
□ species	005
□ specific	133
□ spectroscopy	454
□ speculate	469
□ splicing	237
□ standard deviation [SD]	477
□ stem cell	034
□ sterilization	448
□ stimulus	317
□ structural biology	408
□ submission	496
□ substrate	132
□ subunit	086
□ summarize	488
□ supplemental	508
□ suppressor gene	247
□ susceptibility	336
□ symptom	353
□ synapse	310
□ synaptic potential	311
□ synaptic vesicle	314
□ synthase	138
□ synthesis	150
□ syringe	428

T

□ T cell	326
□ tag	459
□ tailor-made medicine	389
□ telomere	182
□ template	189
□ termination	294
□ terminator	304
□ therapeutic	386
□ threonine [Thr、T]	102
□ thymine [T]	210
□ tissue	011
□ trans-acting factor	275
□ transcript	265
□ transcription	186
□ transcription attenuation	278
□ transcription factor	274
□ transcriptional regulation	270
□ transcriptome	266
□ transduction	192
□ transfection	191
□ transfer RNA [tRNA]	220
□ transformation	190
□ transgene	236
□ translation	188
□ translation initiation factor	284
□ translocation	257
□ transmission	319
□ transmission electron microscope [TEM]	423

- ☐ transplantation 400
- ☐ transport 073
- ☐ tryptophan [Trp、W] 110
- ☐ tuberculosis 366
- ☐ tumor 380
- ☐ tyrosine [Tyr、Y] 104

U

- ☐ upstream 279
- ☐ uracil [U] 224

V

- ☐ vaccine 347
- ☐ vacuole 055
- ☐ valine [Val、V] 107
- ☐ vector 227
- ☐ velocity 155
- ☐ verify 470
- ☐ vertebrate 006
- ☐ virus 346

W

- ☐ Western blot (analysis) 449

Y

- ☐ yeast 010

Japanese Index

日本語索引
＊動詞はp.173に掲載

あ

- □ iPS 細胞　392
- □ アガロースゲル　460
- □ 悪性の　382
- □ アスパラギン　097
- □ アセチル化　095
- □ アデニン　209
- □ アデノシン三リン酸　214
- □ アデノシン二リン酸　213
- □ アノテーション　290
- □ アポトーシス　080
- □ アミノ酸　082
- □ アミノ末端　083
- □ アミラーゼ　141
- □ アラニン　106
- □ アルカリ性の　444
- □ アルギニン　100
- □ アルキル化剤　461
- □ アルツハイマー病　374
- □ アルブミン　388
- □ アレルギー　370
- □ アロステリックな　136
- □ アンチコドン　282
- □ アンチセンス鎖　268

い

- □ ES 細胞　391
- □ 鋳型　189
- □ 異質染色質　178
- □ 移植　400
- □ 移植片　349
- □ 異性化　272
- □ 1本鎖の　203
- □ 遺伝学　415
- □ 遺伝子　163
- □ 遺伝子型　169
- □ 遺伝子診断　393
- □ 遺伝子増幅　245
- □ 遺伝子治療　396
- □ 遺伝子ノックアウト　457
- □ 遺伝子発現　176
- □ 遺伝子発現抑制　246
- □ 遺伝の　165
- □ イントロン　223
- □ インパクトファクター　512
- □ インフルエンザ　369

う

- □ ウイルス　346
- □ ウエスタンブロット　449
- □ 鬱病　373
- □ ウラシル　224

え

- □ ATP アーゼ　140
- □ エキソサイトーシス　074
- □ エキソヌクレアーゼ　147
- □ エキソン　222
- □ 液胞　055
- □ 壊死　363
- □ SDS-ゲル電気泳動　452
- □ エフェクター機構　341
- □ 塩基対　197
- □ 炎症　361
- □ 遠心分離　451
- □ エンドサイトーシス　075
- □ エンドソーム　066
- □ エンドヌクレアーゼ　148
- □ エンハンサー　299

お

- □ 応答エレメント　273
- □ オープンリーディングフレーム　281
- □ オペロン　269
- □ オリゴ糖　116

か

- □ 開始　291
- □ 開始因子　302
- □ 解離　235
- □ 化学療法　398
- □ 核　050
- □ 核酸　193
- □ 核小体　051
- □ 拡大　434
- □ 核膜　052
- □ 核膜孔　053
- □ 過酸化水素　464
- □ 加水分解　439
- □ 仮説　472
- □ 活性化　288
- □ 活性化因子　301
- □ 活性酸素種　462
- □ 滑面小胞体　062
- □ 下流の　280
- □ カルボキシル末端　084
- □ 癌　381
- □ 感覚神経　312
- □ 幹細胞　034
- □ 肝細胞　040
- □ 感受性　318
- □ 環状 AMP　216
- □ 感染　345
- □ 感染しやすさ　336
- □ 寒天　437
- □ 間葉細胞　037

き

- ☐ 器官 012
- ☐ 基質 132
- ☐ 拮抗物質 344
- ☐ キナーゼ 137
- ☐ 機能障害 355
- ☐ 逆位 258
- ☐ 逆転写 271
- ☐ 逆転写酵素 149
- ☐ 急性の 357
- ☐ 共焦点レーザー顕微鏡 421
- ☐ 共著者 493
- ☐ 局在 158

く

- ☐ グアニン 211
- ☐ グアノシン三リン酸 215
- ☐ 組換え 242
- ☐ 組換え DNA 技術 244
- ☐ クラスター 256
- ☐ グリア 315
- ☐ グリコシド結合 120
- ☐ グリコシル化 094
- ☐ グリシン 105
- ☐ グリセロール 124
- ☐ グルコース 117
- ☐ グルタミン 098
- ☐ クローニング 241
- ☐ クロマトグラフィー 455

け

- ☐ 蛍光 433
- ☐ 蛍光顕微鏡 420
- ☐ 軽鎖 335
- ☐ 形質移入 191
- ☐ 形質細胞 325
- ☐ 形質転換 190
- ☐ 形質導入 192
- ☐ 係数 474
- ☐ 形態形成 022
- ☐ 結果 501
- ☐ 結核 366
- ☐ 結合部位 134
- ☐ 血清 387
- ☐ 欠損 262
- ☐ 決定的な 486
- ☐ 結論 503
- ☐ ゲノム 161
- ☐ 原核細胞 041
- ☐ 原核生物 002
- ☐ 現象 467
- ☐ 減数分裂 184
- ☐ 検定 289

こ

- ☐ コア酵素 276
- ☐ コアプロモーター 298
- ☐ 光学顕微鏡 419
- ☐ 光学的な 435
- ☐ 高血圧症 367
- ☐ 抗原 329
- ☐ 考察 502
- ☐ 校正 285
- ☐ 合成 150
- ☐ 抗生物質耐性 379
- ☐ 酵素 129
- ☐ 構造生物学 408
- ☐ 抗体 330
- ☐ 酵母 010
- ☐ コード領域 162
- ☐ 呼吸困難 364
- ☐ 骨髄 322
- ☐ コドン 221
- ☐ ゴルジ体 060
- ☐ コレステロール 125
- ☐ コロニー 255
- ☐ コンセンサス配列 173

さ

- ☐ 差異 478
- ☐ 細菌 009
- ☐ 再構築 286
- ☐ 最小 2 乗解析 473
- ☐ 再生 024
- ☐ 再生医療 390
- ☐ 臍帯血 397
- ☐ 再発 384
- ☐ 再編成 243
- ☐ 細胞外の 032
- ☐ 細胞株 072
- ☐ 細胞骨格 046
- ☐ 細胞質 044
- ☐ 細胞質ゾル 045
- ☐ 細胞周期 026
- ☐ 細胞傷害性 T 細胞 327
- ☐ 細胞小器官 049
- ☐ 細胞生物学 405
- ☐ 細胞性免疫 338
- ☐ 細胞接着 071
- ☐ 細胞増殖 027
- ☐ 細胞内の 031
- ☐ 細胞分裂 025
- ☐ 細胞壁 043
- ☐ 細胞膜 047
- ☐ 材料と方法 499
- ☐ 酢酸塩 123
- ☐ 座長 484
- ☐ 雑種 172
- ☐ 査読 490
- ☐ サブユニット 086
- ☐ 作用物質 343
- ☐ 三角フラスコ 425
- ☐ 参考文献 505

□酸性の	443

し

□軸索	309
□シグナル伝達	079
□刺激	317
□自己免疫	340
□脂質	121
□脂質2重層	048
□指数の	475
□システイン	111
□ジスルフィド結合	090
□子孫	008
□実験室	417
□実験手順	500
□シトシン	212
□シナプス	310
□シナプス小胞	314
□シナプス電位	311
□脂肪細胞	039
□脂肪酸	122
□謝辞	504
□種	005
□終結	294
□重鎖	334
□修飾	238
□修復	264
□宿主	348
□腫瘍	380
□順応	320
□障害	354
□照射	260
□症状	353
□上皮	015
□上皮細胞	036
□上流の	279
□抄録	497
□触媒	131
□触媒部位	135
□植物生理学	413
□助成金	495
□所属	491
□序論	498
□自律神経失調症	372
□進化	007
□真核細胞	042
□真核生物	003
□進化生物学	407
□神経	307
□神経学	409
□神経節細胞	316
□神経発生	313
□人工授精	395
□親水性の	159
□真正染色質	179
□新生の	283
□シンターゼ	138
□伸長	292

す

□図の説明文	507
□図表	506
□スプライシング	237

せ

□生化学	403
□制限酵素	145
□成熟	028
□生殖細胞	035
□精製	441
□生体外で	231
□生体内で	232
□生物	001
□生物学	401
□生物工学	402
□生物情報学	411
□生物物理学	412
□生理学	410
□整列	201
□脊椎動物	006
□切開	295
□接着	296
□セリン	101
□セルロース	118
□繊維	013
□繊維芽細胞	038
□前駆体	233
□染色質	054
□染色体	177
□センス鎖	267
□セントラルドグマ	164

そ

□相	466
□走査型電子顕微鏡	422
□装置	418
□相同の	226
□挿入変異	254
□相補性	205
□相補性DNA	206
□速度	155
□組織	011
□疎水性の	160
□粗面小胞体	061
□損傷	261

た

□ターミネーター	304
□体液性免疫	337
□体外受精	394
□大学院	481
□体細胞	033
□代謝	029
□対数の	476

☐ 大腸菌	378
☐ 大脳	306
☐ 対立遺伝子	239
☐ 多型	171
☐ 多細胞生物	004
☐ 脱アミノ化	152
☐ 脱水	362
☐ 多糖	115
☐ 炭水化物	113
☐ 単糖	114
☐ タンパク質	081
☐ タンパク質ドメイン	091
☐ タンパク質分解	151

ち

☐ 致死的な	359
☐ チミン	210
☐ 仲介因子	303
☐ 中間径繊維	069
☐ 注射	442
☐ 注射器	428
☐ 抽出物	447
☐ 中心体	059
☐ 中枢神経系	305
☐ 調節	248
☐ 著作権	511
☐ 著者	492
☐ 治療の	386
☐ チロシン	104

て

☐ DNA 配列	198
☐ DNA ポリメラーゼ	146
☐ T 細胞	326
☐ 停止	293
☐ テーラーメード医療	389
☐ デオキシリボース	195
☐ デオキシリボ核酸	194

☐ テロメア	182
☐ 転移	383
☐ 転移 RNA	220
☐ 電気泳動	432
☐ 電気穿孔	453
☐ 転座	257
☐ 転写	186
☐ 転写因子	274
☐ 転写減衰	278
☐ 転写制御	270
☐ 転写物	265
☐ 伝達	319
☐ 点変異	252

と

☐ 問い合わせ先の著者	494
☐ 透過型電子顕微鏡	423
☐ 投稿	496
☐ 糖脂質	126
☐ 糖タンパク質	119
☐ 導入遺伝子	236
☐ 糖尿病	368
☐ 特異的な	133
☐ 特許	483
☐ トランスクリプトーム	266
☐ トランス作用因子	275
☐ トリプトファン	110
☐ トレオニン	102

な

☐ 内胚葉	023

に

☐ 2 重らせん	202
☐ 2 本鎖切断	259
☐ 2 本鎖の	204
☐ ニューロン	308

ぬ

☐ ヌクレオソーム	180
☐ ヌクレオチド	199

の

☐ 脳死	399
☐ 濃度	156

は

☐ 胚	019
☐ 肺炎	365
☐ 胚形成	021
☐ 胚芽	020
☐ 培地	438
☐ ハイブリッド形成	450
☐ 破壊	263
☐ 博士研究員	482
☐ 白血球	323
☐ 発症	360
☐ 発生	017
☐ 発生生物学	406
☐ バリン	107
☐ 反応能を持つ	174

ひ

☐ 皮質	014
☐ 微小管	063
☐ 微小繊維	068
☐ ヒスチジン	103
☐ ヒストン	181
☐ ヒト白血球抗原	333
☐ 微分方程式	479
☐ ピペット	427
☐ 表現型	170
☐ 病原体	377
☐ 標識	459
☐ 標準偏差	477

語	ページ
□病巣	356
□表皮	016
□病理学	416

ふ

語	ページ
□複製	185
□不妊症	376
□プライマー	229
□プラスミド	228
□プリオン病	375
□フレームシフト変異	253
□ブロット	234
□プロテアーゼ	143
□プロモーター	297
□プロリン	109
□分光法	454
□分子	087
□分子シャペロン	088
□分子生物学	404
□分析	465
□分泌小胞	056
□分布	480

へ

語	ページ
□平衡	030
□ベクター	227
□ヘテロ接合体	168
□ペプチド結合	089
□ペルオキシソーム	065
□変異	249
□変異体	250
□変異誘発	251
□編集	187
□鞭毛	070

ほ

語	ページ
□補酵素	130
□補助薬	352
□ホスファターゼ	144
□補足の	508
□補体	332
□発作	371
□ホメオドメイン	277
□ホモ接合体	167
□ポリペプチド	085
□ポリメラーゼ連鎖反応	458
□翻訳	188
□翻訳開始因子	284

ま

語	ページ
□マイクロアレイ	431
□マクロファージ	328
□慢性の	358

み

語	ページ
□ミクロトーム	424
□ミセル	128
□ミトコンドリア	058

め

語	ページ
□メスシリンダー	426
□メチオニン	112
□メチル化	096
□滅菌	448
□メッセンジャーRNA	218
□目盛り	429
□免疫応答	339
□免疫学	414
□免疫グロブリン	331
□免疫系	321
□免疫蛍光法	456
□免疫組織化学	351

も

語	ページ
□毛細管カラム	430

ゆ

語	ページ
□有意性	471
□有益な	485
□融合	076
□有糸分裂	183
□誘導	287
□誘導因子	018
□輸送	073

よ

語	ページ
□溶解産物	446
□葉緑体	067
□抑制遺伝子	247
□予防接種	350

ら

語	ページ
□ライブラリー	240
□ラギング鎖	208
□ラジカル捕捉剤	463

り

語	ページ
□リーディング鎖	207
□利益相反	510
□リガーゼ	139
□リガンド	342
□リシン	099
□リソソーム	064
□リプレッサー	300
□リボ核酸	217
□リボソーム	057
□リボソームRNA	219
□緑色蛍光タンパク質	092
□リン酸	196
□リン酸塩	200
□リン酸化	093
□リン酸緩衝食塩水	445
□リン脂質	127

- □臨床の　385
- □リンパ球　324

る

- □ルシフェラーゼ　142

れ

- □レプリコン　225

ろ

- □ロイシン　108
- □論文　489

わ

- □ワクチン　347

動詞

- □推測する　469
- □分離する　166
- □〜を活性化する　153
- □〜を希釈する　440
- □〜を検出する　468
- □〜を検証する　470
- □〜をコードする　078
- □〜を修正する　509
- □〜を挿入する　230
- □〜を阻害する　154
- □〜を培養する　436
- □〜を発現する　175
- □〜を分泌する　077
- □〜を変性させる　157
- □〜を要約する　488
- □〜を論証する　487

MEMO

著者紹介
近藤 哲男（こんどう・てつお）
九州大学大学院農学研究院生命機能科学専攻・教授

1983年東京大学農学部卒業。1988年同大学大学院農学系研究科博士課程修了（農学博士）。同年4月学術振興会特別研究員。同年9月カナダ・マクギル大学化学科にて博士研究員。1992年森林総合研究所研究員。1993年同研究所主任研究官。2000年京都大学にて博士（工学）号取得。2003年九州大学大学院農学研究院助教授。2005年九州大学バイオアーキテクチャーセンター教授。2010年より現職。この間、ドイツ・イェーナ大学教授、中国・武漢大学客員教授、静岡大学、金沢大学、東京大学、東京農工大学非常勤講師などを歴任。専門は生物ナノ材料工学（Bio-Alchemy）、高分子物理化学、多糖化学。主な研究テーマは、水と生物機能を用いる三次元ナノ／マイクロ材料創製。セルロース学会賞（1996年）、繊維学会賞（2005年）、国際木材科学アカデミーフェロー（2010年）。監修書として『科学技術英語徹底トレーニング［バイオテクノロジー］』（アルク）がある。

聞いて覚える理系英単語

キクタン サイエンス

生命科学編

発行日	2012年3月5日（初版第1刷） 2021年6月1日（第3刷）
著者	近藤 哲男
編集	株式会社 アルク 文教編集部
編集協力	青島 律子、足立 恵子（サイクルズ・カンパニー）、 西尾 瞳
クイズ英文作成	株式会社 CPI Japan
英文校正	Peter Branscombe、Owen Schaefer
イラスト	shimizu masashi（gaimgraphics） 吉泉 ゆう子
アートディレクション	細山田 光宣
デザイン	相馬 敬徳（細山田デザイン事務所）
ナレーション	Carolyn Miller、堀越 省之助、土門 仁
音楽制作	柳原 義光（株式会社 ルーキー）
録音・編集	山口 良太（財団法人 英語教育協議会） 株式会社 ジェイルハウス・ミュージック
CDプレス	株式会社 ソニー・ミュージックソリューションズ
DTP	株式会社 秀文社
印刷・製本	図書印刷株式会社
発行者	天野 智之
発行所	株式会社 アルク 〒102-0073 東京都千代田区九段北 4-2-6 市ヶ谷ビル Website：https://www.alc.co.jp/

地球人ネットワークを創る

アルクのシンボル
「地球人マーク」です。

・落丁本、乱丁本は、弊社にてお取り替えいたしております。
 Webお問い合わせフォームにてご連絡ください。
 https://www.alc.co.jp/inquiry/
・本書の全部または一部の無断転載を禁じます。著作権法上で認められた場合を除いて、本書からのコピーを禁じます。
・定価はカバーに表示してあります。
・製品サポート：https://www.alc.co.jp/usersupport/
©2012 Tetsuo Kondo / shimizu masashi (gaimgraphics) / ALC Press Inc.　Printed in Japan.
PC：7012021　ISBN：978-4-7574-2076-2